你有多温柔，就有多强大

〔美〕戴尔·卡耐基——著

张笑恒——编译

民主与建设出版社

图书在版编目（CIP）数据

你有多温柔，就有多强大 /（美）戴尔·卡耐基著；张笑恒编译 . -- 北京：民主与建设出版社，2017.5（2023.12重印）
ISBN 978-7-5139-1510-6

Ⅰ.①你… Ⅱ.①戴… ②张… Ⅲ.①女性 - 人生哲学 - 通俗读物 Ⅳ.① B821-49

中国版本图书馆 CIP 数据核字（2017）第 082110 号

© 民主与建设出版社，2017

你有多温柔，就有多强大
NIYOUDUOWENROU JIUYOUDUOQIANGDA

出 版 人	许久文
著　者	（美）戴尔·卡耐基
编译者	张笑恒
责任编辑	刘树民
封面设计	仙境书品
出版发行	民主与建设出版社有限责任公司
电　话	（010）59417747　59419778
社　址	北京市朝阳区阜通东大街融科望京中心 B 座 601 室
邮　编	100102
印　刷	三河市华润印刷有限公司
版　次	2017 年 7 月第 1 版　2023 年 12 月第 2 次印刷
开　本	710 mm × 1000 mm　1/16
印　张	16
字　数	200 千字
书　号	ISBN 978-7-5139-1510-6
定　价	36.00 元

注：如有印、装质量问题，请与出版社联系。

序 言

20世纪伟大的励志大师卡耐基认为,只有心理变得强大起来,你才能战胜外在的困境。一个内心强大的女人,才能真正无所畏惧。

作为这个时代的女性,我们必须将自己变得强大,拥有正向思维以及过好日子的能力。能够在不安的日子里淡定地活,在安静的日子里成功地活,才是真正活出了你的了不起。

内心强大的女人,外表温柔,心里却充满力量。卡耐基说:你的心,可以创造一个天堂般的地狱,也可以创造一个地狱般的天堂。世界越是浮躁,你就越要淡定。只有内心的宁静才能让女人抵御外界的一切干扰,让心灵回归清纯。"宁静致远,淡泊明志",女人要学会给自己的心灵一片滋润的净土。

内心强大的女人,在不安的世界里,不慌不忙地坚强。她们谨遵一条原则:重视今天,不要为明天忧虑。卡耐基说:最重要的是,不要去看远处模糊的影子,而要去做手边清楚的事。其实,很多时候我们的忧虑并不是来自他人,而是来自自己。我们经常会不由自主地去为自己的明天而担忧,却往往忽略了今天。

因此我们要学会让自己的内心毫无忧虑，让自己的精神积极饱满，全神贯注地完成今天的工作，其实就是对明天最好的规划。

内心强大的女人，不妥协、不讨好、不将就。想旅行了，说走就走；不想工作了，马上就炒老板的鱿鱼；周末，一个人坐飞机去布拉格，只是喂一下广场的鸽子；去电影院包个场，就为安静地看一部电影……她们把生活过成了自己想要的样子。

内心强大的女人，孤独时自我欣赏。其实无论哪个年龄段，只要学会爱自己，每个女人都可以活得很精彩。那要怎样爱自己呢？找到自己追求的，坚守自我原则，简单生活，你就能成为既温柔又聪明的女人。

内心强大的女人，源于她们生命的丰盈。卡耐基说：给别人带来阳光的人，不可能把自己排拒在光明之外。一双眼睛可以不漂亮，但眼神可以美丽，一副不够标致的面容可以有可爱的神态，一副不完美的身材可以有好看的仪态和举止。这都源于一颗灵魂的丰盈和坦荡。美化灵魂有不少途径，但读书是其中可行的、不昂贵的、不需求助他人的捷径。

做一个内心强大的女人，不仅要每天保持向上的满满的元气，还要充满爱和慈悲。即使生活一团乱麻，她们也永远保持积极热情的生活态度。她们勇敢地追求自己的事业和梦想，从来不会停止前进的脚步，因为她们知道越努力的女人越幸运。

对于内心强大的女人，爱情于她们而言，只是锦上添花，而非雪中送炭。但有些女人的生活一直都在围着男人团团转。试着过出属于你自己的完美生活吧，坚持做自己，你才是生活的第一主角，这样才能更好地享受属于自己的精彩人生，生活中不仅仅有爱情。

在成功学大师卡耐基看来，每一个女人都有使自己坚强、自信、无所畏惧的潜能。只要我们不断地学习和补充，灵活、明智地运用一些行为准则和做事指导，相信每一个女人都会成为一道亮丽的风景，优雅地行走在蜿蜒曲折的生命之路上，开启一个崭新的人生。

做一个内心强大的女人，有一个幸福的人生，珍惜并享受命运带来的礼物，从容地越过层层荆棘，沾满一身幸福的馨香。这种从容坚定、笃定自信是每个女人追求的理想状态。

目录

第一章
你若温柔，必有力量

002　温柔的女人可以平定世界
005　你的微笑价值 100 万
008　做个理性的天使
011　内心的平静最可贵
014　世界越是浮躁，你越是要淡定
017　给生活加一些调味料
019　未来不迎，过往不恋
022　淡定，最优雅的姿态
025　坚定地面对一切挑战

第二章
在不安的世界里，不慌不忙地坚强

028　停下脚步，倾听心底的声音
031　做你喜欢的事情就对了
034　活在当下，很多忧虑都是女人臆想出来的
037　不为打翻的牛奶哭泣
040　不可能让每个人都喜欢你
043　你已经拥有最好的一切
045　不为明天忧虑
047　多想想那些得意的事情
050　好心情是可以装出来的

第三章
不妥协、不讨好、不将就

054　你可以选择不妥协

057　大声说"不"

060　你不需活在别人的认可里

063　你永远有选择更好的权利

066　唯一值得在乎的是你自己的想法

069　保留属于自己的空间

072　你的命运完全由自己决定

075　做一个不随波逐流的人

078　能听意见，也有主见

081　你想过什么样的日子

第四章
孤独时，学会自我欣赏

084　你不完美？那有什么关系

087　不要让自己的心灵太疲惫

089　自我安慰和鼓励很重要的

092　孤独时自我欣赏

095　保持本色，每个女人都与众不同

098　放过自己，就是得到安宁

100　学会喜欢自己

103　对自己的外貌有自信

106　不认命，用努力成就自己

第五章
你若渴望前行，就不要停下脚步

110　越努力的女人越幸运

113	"困难"是个无聊的词
116	扛得住，世界便是你的
119	不逼自己一次，就不知道自己有多优秀
122	你若渴望前行，就不要停下脚步
125	你没有理由不坚强
127	不要执着于生命的10%
129	别害怕人生重新开始
132	走自己的路，让别人去说吧
135	你若不勇敢，谁替你坚强

第六章
内心的强大，源于生命的丰盈

138	拥有自己的事业，才能过自己想要的生活
141	每天留出10分钟读书时间
144	爱丽尔女士的几个建议
147	承担责任，是女人变成熟的标志
150	能干而不失女人味的秘诀
153	做梦想的王妃
156	为自己的爱好留下一片空间
159	教养是女人永恒的气场源
161	善用优势：做个灵魂有香气的女人
164	活得精致是女人的尊严

第七章
生活需要爱情，但不仅仅是爱情

168	幸福不靠男人来布施
171	他不是你生活的全部
174	别把单身的日子不当回事
177	不管嫁与不嫁，都要自食其力

180　独立是女人的另一种风情
183　女人财务独立，离开谁都能过得精彩
186　握不住的沙，不如扬了它
189　单身也是一种选择
192　建立共同的爱好会令爱情更恒久

第八章
爱和慈悲，让你的心灵变得更强大

196　爱是最好的精神食粮
199　懂得了宽恕，才算是个内心强大的人
202　乐于施舍，不图回报
205　请让我来帮助你，就像帮助我自己
208　放下身上的仇恨袋
211　即使是尖锐的批评，也不要念念不忘
214　学会知足与惜福
217　愿你拥有被爱照亮的生命
220　用心去感受身边的幸福

第九章
向上的力量，每天保持元气满满

224　永远保持对生活的热情
227　拥有让自己快乐的能力
230　停止为鸡毛蒜皮的小事烦恼
232　不再为失眠忧虑
235　每天挤一点闲暇时间给自己
238　每日恢复体力，在疲劳到来前除掉它
241　每天做一分钟的放松练习
244　放下工作，给自己的身心放一个长假

第一章 你若温柔,必有力量

温柔的女人可以平定世界

我曾经在《人性的弱点》中写道："我们所面对的万事万物都有其两面性，关键就在于我们怎样去看待。正确的对待方式是：对不利于自己的方面也不要抱怨不公，更不要迁怒于人，要正视现实，尊重真理。"

有一次，我在电台做播音，提到《小妇人》的作者路易莎·梅·奥尔科特女士。我知道，她在马萨诸塞州的康考特长大并写成她的著作。但一不小心，我说我曾经到新罕布什尔州的康考特拜访过她的家。如果我只说错了一次，似乎还可以原谅。但是，我接连说了两次。

接下来，我收到了无数的指责和谩骂。有位住在费城但出生在马萨诸塞州康考特的老太太，她对我表示了强烈的愤怒并责骂我。当我看到她写给我的信时，心里想："感谢上帝，还好我没有娶这样的女人。"

我当时特别想写信告诉她，尽管我说错了地名，可是她也不能一点儿礼貌都没有，她的批判不具有任何公平性。我还想告诉她，我当时说错是有原因的。但是后来考虑了一下，我并没有那么做，我控制了自己。

只有冲昏了头的蠢人才会那么做呢，我不想和蠢人一样。于是，我试着努力把她的仇恨变成友善。这对我将是一个挑战，但是我乐意这么做。我对自己说："如果我是她的话，可能也会这么做。"

后来，我去费城的时候，还打电话给这位老太太。我说："某某夫人，几个星期前，您写信给我，我向您表示由衷的感谢。"

电话里传出她柔和、流利的声音，她说："很抱歉，请问您是哪位？我听不出您的声音来。"我对她说："我叫戴尔·卡耐基，您听过我在广播电台做的关于路易莎·梅·奥尔科特的节目，对于我犯的那个无法原谅的错误，我向您表示深深的歉意。"

然后，我又对她指出我的错误表示感谢。她对我说："卡耐基先生，我在信里粗鲁地向您发脾气，我很抱歉。"

我说："不！不！该道歉的是我，不是您。我说错了一个连小学生都懂得的常识。事后的那个星期天，我进行了自我批评，现在我特地向您道歉。"

她说："我住在马萨诸塞州的康考特城。近200年来，我们家族在马萨诸塞州的历史上非常有名望。我一直以来以我的家乡为荣。所以我在听到您说路易莎·梅·奥尔科特住在新罕布什尔州时，我很难过，也很气愤，但是现在，我给您写的信让我感到抱歉和不安。"

我说："您真的不用感到不安，确实是我犯了一个严重的错误。像您这样有身份的人，愿意指出我的错误，实在是我的荣幸。希望我以后有错误时，您一样能够给我指出。"

她说："您这种勇于接受别人错误，平和乐观的心态会让越来越多的人喜欢您的。我相信您是一个很优秀的人，我也很愿意认识您。"

女士们，正是因为我很好地控制了自己的情绪，以友善、和蔼的态度对那位老太太，我因此获得了她的原谅和尊重，而且我又多了一个朋友，何乐而不为呢？

生活中不如意不顺心的事情有很多，单纯地抱怨发怒并不能够解决实际的问题，面对不如意不顺心，与其抱怨发怒，不如学着去释然。

在现实的工作与生活中，有时候，我们是可怜的"受气包"和无奈的"变形金刚"，忍无可忍也须容忍，改变自身以求容身。正如法国思想家卢梭所说的那样，"忍耐是痛苦的，可它的果实是甜蜜的"。

我的一个朋友因为琐碎的小事和邻居争吵了起来，争得面红耳赤，谁也不肯让谁。最后，她气呼呼地去找牧师——牧师是当地最有智慧、最公道的人。

"牧师，您来帮我评评理吧！我的那位邻居简直糟糕透了！她竟然……"她怒气冲冲，一见到牧师就开始了她的抱怨和指责，正要大肆指责邻居的不是时却被牧师打断了。

牧师说："对不起，正巧我现在有事，麻烦你先回去，明天再说吧。"

第二天一早，我的朋友又愤愤不平地来了，不过，显然没有昨天那么生气了。

"今天，您一定要帮我评出来是非对错，那个人简直是……"她又开始数落起那人的劣行。

牧师不紧不慢地说："你的怒气还是没有消除，等你心平气和后再说吧！正好我的事情还没有办好。"

一连好几天，我的朋友都没有来找牧师了。有一天牧师在路上遇到了她，她正在农田里忙碌着，她的心情显然平静了很多。

牧师问道："现在，你还需要我来评理吗？"说完，微笑着看着对方。

我的朋友羞愧地笑了笑，说："我现在已经心平气和了！现在想想也不是什么大不了的事，不值得生气的。"

牧师仍然不疾不徐地说："这就对了，我不急于和你说这件事，就是想给你时间消消气啊，记住，不要在气头上轻易说话或者行动。"

我们在很多时候会因为某些小事而生别人的气，并指责别人的不是。其实，仔细想想，这些事根本是不值一提的。如果你因某人某事而生气的时候，不妨告诉自己：等一等再说。等到你真正心平气和时，你会发现自己的动怒是多么不值得。

当我们用乐观的心重新打量这个世界的时候，我们就会发现，原来生活不是不美好，而是我们一直在抱怨中扭曲了生活。我们应该试着去做一个淡然、平和的人，学会与人分享，学会在残缺中品味快乐，在逆境中感受幸福。

你的微笑价值 100 万

我的一位法国朋友邀请我到巴黎去,带我参观了著名的罗浮宫。当我们经过达·芬奇的名作《蒙娜丽莎的微笑》时,我的朋友对我说:"你看,戴尔,这就是罗浮宫珍品中的珍品,瑰宝中的瑰宝!"

我说道:"我知道它非常有名,可是我似乎并不能领会到它的真正价值。"我的朋友说:"你没觉得画中的女人很有魅力吗?事实上,这幅画真正让世人为之痴迷的,正是蒙娜丽莎那矜持的微笑。她的微笑太迷人了,以至于让很多学者都潜心研究蒙娜丽莎微笑的秘密。"

微笑的力量真是太神奇了。女士们,我希望你们能够微笑地面对别人,并不仅仅是想让你们成为最受欢迎的女士——事实上,这也是让你们每天都生活在快乐之中的最好方法。

微笑是女人的制胜武器,微笑着的女人是阳光的、自信的、成熟的,更是快乐的、幸福的。施瓦伯曾说,他的微笑能值 100 万美元。也许这就是真理。施瓦伯取得的成就应该归功于他的人格魅力和他那种特殊的能力。而在他的人格中最可爱的,就是他那吸引人的微笑。

一个女士,如果长得好看,不会笑,同样显得呆板,不美丽。一个女士如果不仅长得好看,同时也爱笑,就如同花儿有了香气,芬芳艳丽,让人看了觉得满眼都是美丽。

笑容透露的是柔情,是善意,是宽容。微笑给这个生硬的世界带来妩媚和温柔,也给人的心灵带来了阳光和感动。

在我的培训班上,我让大家每天微笑一小时。一个月后,一位女学员妮可拉给我写了一封信,她认为自己发生了很大的变化。

妮可拉的信中,这样写着:我结婚有十五年了,这些年来,我丈夫很少看到我脸上的笑容。你知道我是一个不苟言笑的人,而且脾气非常不好,甚至可以说,没有人比我脾气更差了。

一个月前,您告诉我们,要时刻保持微笑,对每个人都如此。我想我就试一个星期吧。

于是,第二天早晨我梳头的时候,我就对自己说:"妮可拉,你今天必须微笑。并且要尽量让这个微笑挂在脸上。就从现在开始。"

坐下吃早餐的时候,我脸上有了一副轻松的笑意,我向我丈夫说:"亲爱的,早安!"

您曾告诉过我,他一定会感到很惊奇,但您低估了他的反应。他非常高兴,并且不停地称赞我:"亲爱的,你笑起来真可爱、真美。"

然后我去上班,对电梯员微微一笑地说:"早上好!"去柜台换钱时,对里面的同事,我脸上也带着笑容。

这样没有多久,发现每一个人见到我时,都向我投之一笑。不久之后,我就发现,所有人都开始喜欢我,并且也对我微笑。

卡耐基先生,我发现微笑给我带来了很多很多无形的财富和好处,并且让我过得很开心。

各位女士,没有什么东西能比一个发自内心的微笑更能打动人的心。微笑具有神奇的魔力,蕴含着震撼人心的力量,她能化解人与人之间的坚冰,也是一个人身心健康和家庭幸福的标志。

无论你在什么地方,无论你做什么,无论你遇到了困难还是疾病,微笑都是一种神奇的药方,当你用微笑去面对一切的时候,那么一切都会在你的微笑下低头。

要相信自己的微笑是最美丽的,它能带给自己轻松愉悦,更能让别人感受到你的可爱和真诚。微笑是连接人和人之间关系的纽带,是心灵交融的桥梁。

一个坦诚的微笑能激励一个人,一个自信的微笑会增添自己的力量,所有的苦难都会在微笑里如轻烟一样飘散。

学会了阳光般的微笑,你就会发现这个世界是那样的美好,你的生活就会变得轻松快乐,多姿而丰富,而人们也会为你的绚丽一笑而喝彩。

人心就像一面镜子——你对它微笑,它也就会对你微笑!当你每天由衷地微笑时,你会发现整个世界都在向你微笑!

因此,女士们,行走于人生旅途中,应让微笑一路相随!学会微笑,既能让你在人际交往的过程中一路畅通,又能让自己得到心理的放松和坦然。一举两得,何乐而不为呢?

做个理性的天使

劳拉是我一位远方堂姐的女儿,她是一位小学数学老师。有一天,她突然找到我,对我说:"叔叔,我现在简直要发疯了。"

我连忙问她发生了什么。她回答我说:"我现在真受不了我的脾气。我常常因为一点点小事而大发雷霆,有时候还又哭又笑。"

她说自己看到孩子们淘气,肺都要气炸了,真恨不得狠狠地揍他们。回到家后,她也总是把工作中的坏情绪带到家里,常常和丈夫史泰尔发生争吵。

她说:"事后,我常常后悔自责,但是在下次遇到相同的情景,我还是会大发脾气。叔叔,我根本控制不了自己的情绪,你说我该怎么办呢?"

和劳拉一样,很多女士都控制不住自己的情绪。本来只是一件小事,不值得发火,最后却大发雷霆;本来没有什么可悲伤的,但是却整整一个星期都陷入了伤痛之中……

所以有人说,女人是最情绪化的动物。它的言外之意就是说所有的女士都非常情绪化。的确有很多女士被自己的情绪所拖累,她们常常毫无缘由地发火或者悲伤,连她们自己都觉得奇怪。正因为这样,她们过得不快乐,一切坏情绪便理所应当地找到了她们。

生理和心理学研究认为,应激状态可使人抵抗力降低,易罹患疾病。"一切顽固的忧愁和焦虑,可称为不良情绪,这种情绪强烈、长期存在,足以给疾病大开方便之门"。

专家研究表明，因情绪紧张而患病者，占门诊病人的76%。近代国内外研究也证明，情绪在一些躯体疾病中，起着重要作用。而人的疾病状态，反过来也可引起情绪变化，两者互为因果。

情绪化的危害还不仅如此。一位女士如果经常性地情绪化，还会让其形象大打折扣。有一天我遇到过的事情就可以说明这一切。

那天，我和妻子到一家意大利餐馆用餐。坐在我们对面的是一位先生和一位小姐，看得出来，他们正在热恋，非常幸福、甜蜜。

我妻子点了一杯咖啡。当服务员来把咖啡送来的时候，一不小心，把咖啡溅到了那位小姐的衣服上。

看到自己崭新的衣服被弄脏了，那位小姐马上发火了，在餐馆里大喊大叫起来。

那名服务员赶忙给她道歉，但是那位小姐不依不饶，斥责的声音反而更大，甚至还说出了一些非常难听的话。

当时餐厅有很多人在吃饭，听到这边发生了争吵，都把目光投射过来。

从他们的表情可以看出，他们很难相信这样一位优雅的小姐会在大庭广众之下大喊大叫，还说出一些不雅的话。

这位小姐的男朋友也很尴尬，脸涨得通红。后来，这位小姐拉着自己的男朋友非常气愤地离开了餐厅。他们走了之后，很多人都在议论这件事，并且都在批评这位小姐。

自己的新衣服被人弄脏的确是一件很可气的事。但是她实在不应该在大庭广众之下大发雷霆，让自己的情绪完全暴露出来。

在人们心目中，能够掌控自己情绪的人才更淑女，也更让人尊敬。

华莱士博士曾经说过："情绪不过是一种心理活动而已。"这种定义是非常准确的。有的女性非常情绪化，这是因为她们缺乏理性，没有经过思考就把情绪发泄了出来。

此外，我还有一些小的技巧可以教给你们。当你产生消极的情绪时，你可以换一个环境，从而把自己所有的注意力都投入到其他活动中。这样，这些消极的情绪就不会困扰你了。

例如在我的培训班上，有一个女孩和男朋友分手了，很长时间都沉浸在消极的情绪之中。后来我建议她去外面旅游。她出去玩了几天后，心情果然好了很多。

女士们，不要再沉浸在那些消极的情绪之中了，你完全可以做情绪的主人，把它们掌控在自己的手中。这样，你就能获得真正的自由之身，从而生活得更幸福、更快乐。

内心的平静最可贵

我相信，我们内心的平静和我们在生活中所获得的快乐，并不在于我们身处何方，也不在于我们拥有什么，更不在于我们是怎样的一个人，而只在于我们的心灵所达到的境界。在这里，外界的因素与此并无多大的关系。

双目失明的弥尔顿很久以前就提出了一个真理：心灵是它自己的家，能把地狱变成天堂，也能把天堂变成地狱。

拿破仑与海伦·凯勒所说的话完美诠释了弥尔顿的这句话。拿破仑拥有至高无上的一切荣耀、权力和财富，可是他在圣赫勒拿岛时却说："在我的一生中。快乐的日子加起来不到六天。"而又聋又哑又盲的海伦·凯勒却说："我发现人生是如此的美妙！"

如果你问我从我的人生经历中学到了什么，那就是："除了你自己，什么都不能带给你心灵的宁静。"

有一次，因为一件事情我非常痛苦，内心煎熬。为此我失眠了好久，那段日子过得真是痛苦不堪。

后来，我试着调整自己，学着接受不可能改变的事实这个道理。为了一件令人头疼的事情，我竟然对自己进行了一年的精神虐待，我可真傻！

于是我就开始背诵惠特曼的诗句：要像树和动物一样，勇敢去面对黑暗、暴风雨、饥饿、愚弄、意外和挫折。

我曾做了12年的放牛人，但却从来没有看见一头母牛发怒过。哪怕是草地因缺水而干枯，天气寒冷，或者是一头公牛去追求别的母牛了。

动物不仅能平静地面对这些，而且即便在面对黑夜、暴风雨、饥饿等时，他们也从来不会精神失常或得胃溃疡，更不会发疯。

这并不是说无论碰到什么挫折，都要俯首帖耳、低声下气。肯定不是这样的，那是宿命论者的想法。而是说不论发生了什么意外，只要还有挽救的机会，哪怕是一点点，我们都要全力以赴地争取。

但有些事，是无法避免的，也不会再出现转机。碰到这种情况，理智就告诉我们，要平静地对待，就不要再白费力气挣扎了。

不要让自己的心灵太疲惫，要时刻清空内心。无论面对什么，都要以一颗平静的心去对待，只有这样，你才能化险为夷。

著名的女演员莎拉·班哈特对于那些烦心事应付得可谓得心应手。她从艺50多年来，一直都是各大剧院里炙手可热的影星，也是全世界观众最喜爱的演员之一。

但是，在她71岁那年，她破产了，失去了所有的钱。更加不幸的是，根据医生的说法，她的腿也必须锯掉。

原因是莎拉·班哈特在一次横渡大西洋的旅途中，遇到了暴风雨。她跌倒在甲板上，腿因此受到重伤，后来又感染了静脉炎和腿痉挛。

这种剧烈的痛苦是她无法忍受的，医生认为应该把她的腿锯掉。在医生看来，这是非常可怕的消息，他担心莎拉无法接受这个事实，因此不知该怎么跟莎拉说。

当医生硬着头皮告诉莎拉这件事的时候，没想到莎拉看了他一眼，冷静地说："要是非这样做不可的话，那就按你说的做吧。"她说这些话的时候，表现得很平静。

莎拉坦然地接受了命运的安排，当她被推进手术室的时候，她的儿子禁不住哭了，勇敢的她朝他挥挥手说："不要担心，我一会儿就回来了。"

手术之前，她一直背诵她演过的一场戏中的台词。旁边有人问："你这样做是不是为了给自己打气？"

她回答道："当然不是。我这是为了让医生和护士们没有压力，让他们高兴起来。"

手术结束后，莎拉逐渐恢复了健康。在此后的7年时间里，她又继续进行自己的演艺事业，而她也没有停止她环游世界的脚步。

内心宁静是一种定力，是让你以平常心对待世间一切：生与死，成与败，荣与辱，喜与忧，福与祸。

不要因为暂时的不成功，而去怨天尤人，不要去强调客观原因，要从自己心灵深处去找原因。在任何境况下，只要让心宁静下来，你就会充满力量。

世界越是浮躁，你越是要淡定

我的一位学员对我说，在当今的美国，如果你不能以愤怒来反抗一些事情的话，就不能争取到合理的权力。

对于她的话，我并不认同。因为我的朋友缇娜面对吝啬的房东，不但没有烦躁，而且很顺利地达到了她的目的。

缇娜住在纽约市一家不是很大的公寓里。有段时间，她的经济出现点状况。而这时，房东却要提高她的租金。

缇娜当时很气愤，房东的行为简直就是"趁火打劫"。缇娜本想和他理论一番，可是后来她的理智告诉她不应该这么做。

于是缇娜以另一种方法来解决这个问题。她给房东写了一封信，信的内容是这样的：

亲爱的房东先生：

您要提高租金的做法我非常理解。的确现在房地产的行情很紧张。但是涨价后的房租价格对我来说真的有些难以接受。所以等到我们的合约到期时，我不得不搬出去。说实话，我真的不想搬走，搬走后我去哪里遇到您这么好的房东呢？如果您要是不提高租金的话，我非常乐意在这里继续住下去。但是现在看来显然是不可能的。

后来怎样了呢？那位房东在收到缇娜的信后，马上找到了她。缇娜很热情地接待了房东，并且不断地在和房东强调，她是多么喜欢他的房子。

同时，缇娜一直不停地称赞他，说他是一个百年一遇的好房东，而且缇娜表示愿意继续住在这里。但是，缇娜也表示自己实在负担不起高额的租金。

那个房东显得很激动，因为他从来没有从"房客"那里受到过如此之高的评价。最后，在缇娜女士提出要求之前，房东主动提出要少收一点租金。

缇娜又提出希望能再少一点，结果房东马上就同意了。

后来，缇娜在和我谈论起这件事的时候说："我真的很庆幸当时以平和的态度来处理此事。"是的，女士们，这就是平和的心态带来的好处。它能让你找到解决问题的最佳途径。

能够做到平静、理智地去解决所遇到的各种问题，这对女士们的身心健康也是非常重要的。

女士们回想一下，当你们想要爆发的时候，是不是有这样的感觉？你们会不会觉得心跳加快、血压上升，呼吸也变得急促起来。

没错，这是由于交感神经过于兴奋引起的。洛杉矶家庭保健研究协会主席阿马尔·杜兰特曾经说："那些爱生气的人很容易患上高血压、冠心病等疾病。同时，情绪上太波动还会使人感觉食欲不振、消化不良，从而导致消化系统疾病。而对于那些已经患有这些疾病的人，发脾气也会使他们的病情更加恶化。"

我不知道女士们是怎么想的，因为我以前也曾经为了一点小事发脾气。不过幸运的是，我现在已经不会了。因为我已经有了一套很好的解决办法，那就是保持内心的淡定。

接下来是我的一位学员的故事。她叫凯罗尔·惠力，住在明尼苏达州圣保罗市。她曾经烦躁过，焦虑过，也崩溃过。

凯罗尔告诉我她曾经为所有事情发愁。她担心自己太瘦了，担心自己掉头发，担心自己永远赚不到足够的钱，担心自己当不了一个好母亲，担心自己失去喜欢的男孩。

凯罗尔总是觉得现在的日子过得不够好，担心给别人留下不好的印象，担心自己压力过大而死。她无法再工作，只好辞了职。

她的内心充满了紧张感，就像一个没有安全阀的锅炉，压力终于到了无法承受的程度，突然爆发了——凯罗尔的精神彻底崩溃了。

她终日痛苦不堪，觉得自己被世界抛弃了，甚至仁慈的上帝也抛弃了她。有时候，她真想跳河自杀，一了百了。

也许换个环境能对自己有所帮助，于是凯罗尔决定到佛罗里达州去旅行。上火车之前，父亲交给她一封信，并叮嘱她到了目的地以后再看。

没想到佛罗里达州的日子比家里更难过，于是她就拆开父亲的信。她的父亲在信中写道："亲爱的女儿，现在你在离家一千五百英里的地方，但你并没有觉得有什么改变，对不对？我也知道你不会觉得有什么两样，因为你依然带着所有烦恼的根源——你自己。事实上，无论是你的身体还是你的精神，都毫无毛病。"使你受到挫折的并不是你所遭遇的环境，而是你自己的想象。一个人心里所想的，就是他将要成为的。当你了解这一点后，女儿，回家来吧，因为你已经痊愈了。"

凯罗尔仿佛看到了父亲语重心长的面部表情。

当天晚上，凯罗尔走在迈阿密的一条小街上，经过一个正在举行礼拜的教堂。她漫不经心地走进去，听了一场讲道，题目是"能征服精神强于攻城略地"。她坐在神圣的殿堂里，听到了和父亲同样的道理。

凯罗尔第一次有了清楚而理智的思想了，突然发现自己原来是如此愚蠢，她对能如此清晰地审视自己感到十分震惊。她还曾经想过要改变全世界呢——实际上唯一需要改变的是自己思想相机镜头上的焦距而已。

第二天一早凯罗尔就收拾行李回家去了。一周以后，她又回到了原来的工作岗位。4个月以后，她和自己喜欢的男孩结了婚。现在的她有了一个快乐的家庭，生了5个子女，无论是物质生活还是精神生活上，上帝都对凯罗尔给予了关爱。

我们不妨把保持内心的淡定当作做任何事情的蓝本，然后再结合自己的实际情况做出调整。我相信，做到这一点的女士们在烦躁的社会中，一定会找到属于自己的幸福。

给生活加一些调味料

女士们,如果不想让自己也随着生活而暗淡无光,那么请给生活加一些"调味料"吧。

亚当·莫福和他的妻子凯洛琳是一对著名的夫妇。他们很可能是有史以来教会最多学生跳舞的老师。莫福夫妇结婚28年来,他们一直在一起从事舞蹈培训工作。

我曾问凯洛琳·莫福:"像你们这样天天在一起工作,难道不觉得单调和无聊吗?你们怎么避免如此单一的生活方式呢?要把你们的事业与私人生活分开,是不是非常困难啊?"

"一点也不难!"莫福夫人说,"只要我花一点小心思就行了。我总是想办法把自己打扮得靓丽动人。尽管我不在乎别人会怎么看我,但我十分在意我丈夫的感觉,由于我们天天在一起,也由于我们的职业原因,我会比其他女人更在乎自我形象的完善。"

更为重要的是,只要一有机会,他们就会一起去旅行,体会旅行的乐趣,并且总是试图为彼此的生活加入一点变化和情趣。

是的,如果整天只有工作而没有娱乐,的确会使婚姻生活变得枯燥无味。如果妻子学会分享一些丈夫喜爱的消遣,顺便为夫妻生活多增加一些乐趣,不仅能丰富生活,还可以促成她想要的"夫唱妇随"的愿望。

真正懂得乐观去生活的人,他们的生活富有情致。所以,追求个人生活的情趣,不仅可以得到精神上的慰藉,还可以得到情感的升华。任何人要想过幸福而且充满活力的人生，都应该接受新事物的挑战。

女士们，请停止重复地去做那些无聊的事情吧，否则你很容易就会因为循规蹈矩的生活而感到深深地厌倦。一旦你开始拥有这种不良情绪，那么就会扩大你对生活的烦躁感，从而为自己的身心带来巨大的损伤。

艾米小姐是一家银行的职员。她没有什么兴趣爱好，每天朝九晚五地生活，工作之外几乎没有什么娱乐，她唯一能做的事情就是看电视。如果找不到自己喜欢的电视节目，她就会变得很苦恼，甚至有些手足无措，不知道该干些什么。

在和我谈话之后，她做出了改变。她报了一个瑜伽班，每天下班后，就去瑜伽班练习瑜伽。

短短几天时间，她就变得开朗多了，再也不是以前愁眉苦脸的样子了。我问她："每天你都去学瑜伽，无论风吹雨打，不辛苦吗？"

她笑着说："不，卡耐基先生，在我闲暇的时候，我总是不自觉地想那些乱七八糟的事情，而现在我变得忙碌了，我再也没有感到孤独和寂寞。因此，我宁愿自己忙碌、紧张一些。"

艾米小姐正是找到了一个获得快乐的秘诀，那就是培养自己的兴趣，才让自己变得忙碌起来，重归生活的美好。

所以，各位女士们，当你试图改变自己的生活，做出调整自我兴趣爱好的一贯步伐时，还能激发自己的潜能和活力，这何尝不是一个好办法呢？

一位哲人曾经说过："在这地球上，那叫作'生命'的刺激冒险的机会，是你唯一能去做的。因此何不计划它，尽量设法活得丰富而又快乐呢？"

的确，这个世界上充满了各种各样有趣的事情。我们要想生活过得简单而不乏味，有情趣而不孤独，去做、去体验，给生活添加一些调味料，这样才能幸福快乐。

因此，各位女士，不要再让单调的生活困扰你了，马上做出改变吧。好好地享受当下，享受上帝赐予我们的快乐机会，打开自己的心灵，去寻找与乐趣生活融为一体的愉悦感和幸福感，这样你就能让自己的内心真正地感受到快乐。

未来不迎，过往不恋

世界就像一面镜子：你皱着眉头去看它，它也皱着眉头来看你；你笑着面对它，它也笑着面对你。

很多人最悲哀的就是，不肯马上去过积极的生活，却总忙着为过去的日子而悔恨，或者为还没发生的事情而发愁。完全把生活过成了和自己一样的愁模样。

我们向往着天边有座奇妙的玫瑰园，却从不注意欣赏今天就开放在窗口的玫瑰。我们怎么会变成这种可怜的傻瓜呢？

加拿大著名作家史密斯小姐·里柯克写道："小孩子常说：'等我是个大孩子的时候。'可是等他成了大孩子后又怎么样呢？

"大孩子常说：'等我长大成人以后。'等他长大成人以后，他又说，'等我结婚以后'，可是他结了婚又能怎么样呢？他们的想法又变成了'等我退休以后'。

"然而，退休之后，回过头看看自己的一生，似乎只是吹过一阵冷风。不知为什么，他错过了所有，一切都一去不复返了。我们总是不能早点明白：生命就在生活里，就在每天和每时每刻中，活好当下。"

我的朋友博茜·H.惠婷对我说："我得过的病比任何人都多。我得过抑郁症。我的父亲开过一家药店，我从小经常和大夫、护士聊天，所以懂得许多疾病的病征。

"我本来没有抑郁症，但是体弱多病的我却经常为所得的病烦恼，不知不觉中就有了抑郁症。"

博茜居住的马莱林顿镇流行过一种很猛烈的白喉病。那段时间，博茜开始担心这种疾病会降临到自己的身上，不敢出门，整天躺在床上不动弹，心中忧虑极了！

结果，白喉病的一些症状真的渐渐在她身上出现了。

医生检查之后说："博茜，你的确已染上了。"这个结论反而让博茜悬着的心放了下来：原来的确得病了。

确诊后的博茜反而不再担心了，她不再胡思乱想，心安定了下来，于是一翻身，呼呼睡了一个好觉。第二天早晨，她就"痊愈"了。

博茜还得过许多稀奇古怪的病，她现在想想都感觉特别可笑：这么多年以来，她一直害怕自己会死掉。

到了春天该添置新衣服的时候，她总是自言自语："自己都快死了，还浪费什么钱买衣服呢？"

现在，博茜已经有了巨大的转变，在过去的10年中，她一次也没"死"过。她是怎么做到的呢？

做法很简单，就是嘲笑自己的这些荒唐想法。每当她感觉那些可怕的疾病又要降临到身上时，她就笑着对自己说："博茜，你一次又一次害怕那些'绝症'，难道你不觉得自己杞人忧天，简直是个大傻瓜吗？"

博茜发现，如果这样嘲笑自己，就没有时间自寻烦恼了。

女士们，博茜的故事告诉我们，不要花费很多的时间来担心自己。不惧过去，不畏将来，只负责把今天过好就好。

嘲笑自己那些没有必要的担忧，一定可以将它们笑得无影无踪。你如果不希望担忧影响你的生活，你就应该像医学家奥森勒博士说的那样："用铁门把过去和未来隔断，活在当下吧！"

喜欢童话的女士们，大概还记得《白雪公主》里的话吧："这里的规矩是，昨天可以吃果酱，明天可以吃果酱。但今天不准吃果酱。"

我们大多数人也是这样，为了昨天的果酱和明天的果酱发愁，却不肯把今天的果酱厚厚地涂在现在吃的面包上。

连伟大的法国哲学家蒙田也犯过同样的错误。他说："我的头脑中，曾充满可怕的不幸，而那些不幸大部分从未发生。"

我们的生活也经常是这个样子，悔恨昨天，担心明天，却完全不考虑今天有多么美好。

每个人都知道时光连一分一秒都倒退不了,可仍然有很多人为了过去的光荣与失败,或是骄傲或是叹息,这简直完全没有必要。

只有当下,才是我们可以真实触碰到的现实。不管过去怎样,不管将来怎样,活在当下,才能活出灿烂的自己。

淡定，最优雅的姿态

面对同样的生活环境，浮躁的人眼里充满了让他烦心的人和事，而淡定的人眼里却都是生活的亮点。

我的一个女学员，家里的经济条件不好，于是自己一个人来到纽约打拼。她和几个朋友合租在一间七八平方米的小屋里，生活非常不便，但她一天到晚总是高高兴兴的。

有人问她："那么多人挤在一起，连转个身都困难，你有什么可高兴的呢？"她说："跟朋友们在一块儿，随时都可以谈天说地，交流感情，这难道不是很值得高兴的事情吗？"

过了一段时间，朋友们一个个相继成家，先后搬了出去。屋子里只剩下了她一个人，但是她每天仍然很快活。又有人问："你一个人孤孤单单的，有什么好高兴的呢？"

"我有自己的理想和目标，并且每天为之奋斗，我一点也不会感到孤单和不快乐。闲暇时，我还可以读读书、看看报纸。为了让家人的生活好起来，我也不会轻易放弃，什么苦我都可以吃，这种力量让我从不放弃。"

几年后，她也成了家，搬进了一座大楼里。这座大楼有九层，她的家在最底层，而底层是这座楼里环境最差的，楼上总是往下面泼污水，丢乱七八糟的脏东西。

可是，她还是不生气，一副自得其乐的样子。这时，又有人好奇地问："你住在这样的房间里，也感到高兴吗？"

"是呀！你不知道住一楼有多少好处啊！进门就是家，不用爬楼梯；搬东西也方便，不必花很大的力气；朋友来访容易，用不着一层楼一层楼地去叩门询问……尤其让我满意的是，可以在空地上养一些花，种一些菜。这些乐趣呀，数之不尽啊！"她情不自禁地说。

过了一年，她把一层的房间让给了一位朋友，自己搬到了楼房的最高层，可是她每天仍是快快乐乐的。又有人问："你住九层楼是不是也有许多好处呀？"

她说："是啊，好处可真不少呢！举几个例子吧，每天上下几次，有利于身体健康；光线好，看书写文章不伤眼睛；没有人在头顶干扰，白天黑夜都非常安静。"

后来，有人问道："你总是那么开心快乐，可我却感到，你每次所处的环境并不那么好呀！"我的这位学员却心平气和地回答说："决定一个人心情的，不在于环境，而在于心境。"

由此可见，一个拥有淡定品性、不卑不亢的女性能够把什么都看得很美好，自然能做到宠辱不惊，悠然自在。

而宠辱不惊是包容心的高层次境界，它不是消极地回避，也不是看破红尘，而是远离名利、远离喧嚣的一种坦然，一种从容。

女士们，我们的人生偶有失意在所难免，一向得意容易让人忘形，为失败而哀怨、对现实不满都是无用之举，一切都应当以看淡看轻之心来化解。

不要过分感叹失去，因为走过的路不能倒退，也不要过分庆幸获得，因为前面的路还要面对，而我们应该做的就是珍惜每一个瞬间，并满怀热情地去面对下一个。

唯有人心真正闲下来，放下对世俗人情的执着和迷恋，才能将个人的精神提升到一个新的境界，才能感受到"淡定"的美妙意境。

我曾经采访过著名的运动员艾丽·科维奇。她虽然身高只有1.34米，但是她却在各类游泳比赛中获奖无数，她坚韧的性格和强大的毅力成了很多人学习的榜样。

"我就是要努力超越自己。"在一次比赛后艾丽·科维奇兴奋地说："生活中有欢笑也有泪水，现在一切都值了。"

尽管在那次女子50米蝶泳比赛中她没有获得金牌，但对于经历12次大手术、战胜无数常人难以想象困难的艾丽，却并不觉得失落："比赛场上的任何一枚奖牌都是莫大的荣誉。"她的从容和淡定，令我肃然起敬。

艾丽·科维奇以一颗从容淡定的心面对她所遇到的不幸与辉煌，这是一份难得的自在和勇气，女士们，拥有淡定的心，你才能更优雅、更强大。

淡定既是一种心境，又是一种洒脱；从容既是一份淡然豁达的心态，又是一种清朗明净的感觉。只有淡定从容，才能够避免在物欲横流的社会中随波逐流。

淡定不是无所追求，而是在追求中要保持一种恬淡。正所谓"物来则应，物去皆静"。对于一个人来说，只有淡定平静，才能够真正地享受到人生的真滋味，只有做到内心宁静，才能体会到生活永远充满阳光。

坚定地面对一切挑战

1906年,我第一次尝试发表演说,演说的题目为《童年的记忆》,这次演讲为我以后的事业奠定了坚实的基础。同时,我非常幸运地获得了勒伯第青年演说家奖。

在此之前,我经历了12次失败,甚至都有些绝望,但是我还是坚持下来了。最后终于赢得了这次辩论比赛。

更令我激动的是,我训练出来的男学生赢了公众演说赛,女学生也获得了朗读比赛的冠军。从那一天起,我就知道自己该走怎样的路了……

1908年,我仍旧很贫穷,但与两年前进入师范学院时已有天壤之别。因为此时的我出现在各种场合的演讲赛中,并且也取得了不错的成绩。于是我决定扩大自己演讲的范围,走出学校,走向社会。此时我也决定为了演讲事业而奋斗终生。

其实挫折与失败并不可怕。可怕的是因为挫折失败而失望,放弃追求。

相反,如果你能在遭受挫折时不怨天尤人,不自甘沉沦,而是以坚定的、乐观的态度面对艰苦,审视自己所受的挫折甚至失败,你就会不断战胜失败,取得成功。

生活中有很多女士在坚持到一半的时候,会在心底不断地重复"就这一次,放弃了也没有什么"。是的,有时候放弃了真的没有什么。

但是一次的放弃,会让你一再的放弃。它就像魔咒一样时刻准备侵蚀你的意志。而你一再妥协会让它更加猖狂,使你一事无成。

德国的哲学家引用《浮士德》中的话说:"享受使人退化。"

在他看来,"逆境、失败和受苦使人得到训导、教训和净化,不仅锻炼了意志,能忍受困苦的意志在压力下变得坚韧和强健起来。它也给了我们以忍受不可避免的痛苦的耐心,训练了我们考验和测试自己各种力量的能力,使我们节制我们的要求"。

玛丽·居里曾经与一位叫佐洛斯基的英俊男孩相恋。但是佐洛斯基的家人瞧不起玛丽这家穷亲戚,所以对这段恋情及其反对。直到后来收到佐拉斯基给她写的分手信,玛丽才收起破碎的心离开了祖国。

当玛丽·居里回忆起这段往事时说:"那段日子非常难挨,是我一生中最难过的时刻。唯一能让我回忆起来还值得告慰的,是我依然高抬着头,光荣退出。"

但后来玛丽·居里遇到了她的丈夫——皮埃尔·居里,一位杰出的青年科学家,从此人们便称呼玛丽·居里为居里夫人。开始了她一生的科学研究。

为了提炼出镭,居里夫人每天穿着沾满灰尘和化学酸液的工作服,将废渣一锅一锅地煮沸、搅拌、倒出,最后一点点地结晶。她每天都要忍受着烟熏火燎,眼睛流泪,喉咙刺痒……

由于长期受到放射性元素的辐射,加上工作环境恶劣以及对自身的防范不够严密,居里夫人患上白血病,甚至她还患有肺病、眼病、胆病、肾病、神经错乱症。

然而在居里夫人看来,科学研究要远比她本身的健康更重要。她曾带病回国参加镭研究所的开幕典礼。她曾忍受着眼睛失明的恐惧,顽强地进行科学研究。

直到她生命接近尽头,由于恶性贫血、高烧不退躺在床上的时候,仍然要求她的女儿向她报告实验室里的工作情况,替她校对她写的《放射性》著作。最终,她成功地发现了镭元素,这一发现成了人类史上又一次重大的突破。

伟大的人不单单指他做了多少贡献,还有那令人敬佩的顽强意志。当你想要退缩时,看看你周围的人,他们是否也在胆怯。所以内心强大的女人需要一颗意志坚定的心去努力争取,维护自己的梦想和幸福。

我们每个人在生活中可能都会遭遇不同事情。有的事情可能会让我们备感烦恼和忧愁,但是我们应该将我们所遇到的种种挫折看成是我们人生成长的一种难得磨炼,不断地去战胜它,这样我们的意志力才会越来越强。

女士们,当你面临生活中的困境时,请一鼓作气地努力向前冲吧,只要你们能够身怀坚强的信念,勇敢面对一切挑战,那么即便前面是座巍峨的高山,你们也一定能够将它夷为平地。

第二章

在不安的世界里,不慌不忙地坚强

停下脚步，倾听心底的声音

我有一个做房地产经纪人的朋友，经过几年的打拼，在密苏里州已经小有名气。她就像上足了劲的发条一样，每天的生活都被传真、资料、甲方以及各种方案塞得满满的。

一天，她加班到很晚，从公司出来后，走了两个街区也没有叫到车。走得热了，她停下来，仰头叹气。

这时，天上的星星在丝绒般的夜幕中闪烁着，透露出无言的美丽。她吃惊地看着，入了迷。她突然想到大学毕业前的最后一晚，几个要好的同学躺在学校图书馆前的草坪上看到的情形，与现在如出一辙。

那一晚，她们激情澎湃，热情洋溢，青春激昂。她们明亮的前途与广袤的星空交相辉映。

大学毕业以后，她几乎再也没有时间去注视夜晚的星空了。因为从她踏入社会的那一刻，就一直没有停歇，始终保持着弯腰向前奔跑的姿态。欲望总在膨胀，目标总在前方，实在太忙了，于是她不停地向前奔跑着……

每个夜晚的这个时刻，她多半都是在应酬，或是在做楼盘计划和方案。她从没有想过，哪怕透过一扇小窗，去看一看宁静的夜空，倾听来自心灵深处的声音。

我们很多人只是在匆匆地行走，却忘了听听我们心灵的声音，忘了很多单纯的快乐和简单的幸福，机械化的生活抹去我们浪漫的情调，我们都没听过自己内心真正的声音。

幸福是什么？许多女性朋友都问过我，其实幸福很简单。听一听自己内心的声音，扔掉那些对自己十分奢侈的梦想和追求，那么，你就被幸福包围了。

有位著名的心理学家跟我说："一个人体会幸福的感觉不仅与现实有关，还与自己的期望值有关。如果期望值大于现实值，人们就会失望；相反，就会高兴。"

的确，在同样的现实面前，由于期望值不一样，你的心情、体会也会不同。

在贫困地区的人们，很容易满足，有面包能吃饱肚子，就非常快乐。可是，在繁华的都市中的人们，不用担心一日三餐，却有着很多的烦恼。他们总是在追求自己所不需要的东西。

很多人终日忙忙碌碌，常常抱怨命运的不公平，他们感叹，为什么自己每天这么辛苦，但成功的人偏偏不是自己呢？难道这不是命运的不公平吗？

一位哲学家说过，一个人最重要的不是他所取得的成绩、他所在的位置，而是他所朝的方向。

一个著名科学家曾进行了一项十分有趣的试验：他把五只苍蝇和五只蜜蜂分别放到了两个玻璃瓶里，然后将玻璃瓶的底部对着有光源的一方，而将开口朝向暗的一方。

几个小时之后，科学家发现，那五只蜜蜂全部撞死了，而五只苍蝇早就从玻璃瓶中飞了出去。

一向勤劳、聪明的蜜蜂为什么找不到出口呢？经研究发现，蜜蜂根据自己的经验认定有光源的地方才是出口，它们不停地重复这种"合乎逻辑"的行为。

它们每次朝光源飞过去，用尽了全部力量，甚至被撞后还是不吸取教训，爬起来后继续撞向同一个地方，就连同伴们的牺牲都不能唤醒它们的觉悟，它们拼命地朝那个有光源的方向飞撞，最终导致死亡。

而那些苍蝇，他们毫不留意事物的逻辑，全然不顾亮光的吸引，四下乱飞，结果最终发现那个正确的出口，并因此获得了自由和新生。

一些人目光不够长远，努力的方向明明是错误的，还一直坚持，不懂得调整自己的方向，结果使自己陷于忙忙碌碌和无所作为的境地。

成功的人之所以能够成功，就在于他们都有一个共性，那就是善于把握前进的方向，无论他们做什么事情，都要停下来，把目标看清楚后再开始行动。

我们要真正去关心自己，让自己的心慢慢平和、沉下来。学会倾听自己内心的声音，感受生命的重心，才能有方向感，才不至于在高度繁华的世界里，沦落为一个不知道自己是谁，要干什么、要到哪里去的人。

没有人知道自己最终会走到哪里，会遇到些什么，然而，不管处在生命中的哪个时刻、哪个阶段，或一帆风顺或彷徨踌躇，唯有知道自己的内心，了解自己前进的方向，一切才会美好。

做你喜欢的事情就对了

在我的培训班上,有很多女学员向我抱怨说:"我的生活太枯燥了,简直没有一丝快乐可言。我每天都是重复做着那些无聊又琐碎的事情,这种平凡单调的生活我简直忍受不了了。"

每当遇到这种情况,我总是会问她们:"女士们,你们是怎样支配闲暇时间的呢?"这时,刚才那些还抱怨生活太单调的女士们马上就变得兴奋起来。

她们有的说自己休息的时候喜欢去健身,有的说喜欢看电影,还有的说自己喜欢种一些花花草草。

有一位名叫多莉的女士告诉我,她最大的爱好就是收藏那些介绍厨具的杂志。于是,我让她给我介绍一下她的收藏。

你能想象到吗?奇迹就在这个时刻发生了。多莉女士没有再去抱怨什么单调的生活,她非常激动和兴奋地给我介绍她的收藏,和她所知道的有关厨具的知识。

我非常清楚地记得,她那次说了很长时间,几乎给我介绍了世界各地的厨具。当介绍完的时候,多莉女士的脸上充满了快乐、幸福和满足。再也看不到忧郁的眼神了。

所以,女士们,用一双慧眼发现生活的丰富多彩吧,这会为你的头脑带来许多新鲜的养料。

不管什么样的事,即使在别人眼里看起来很无聊,只要你对它有兴趣,那么它就一定会给你带来很多的乐趣。

家庭主妇的生活大多都比较枯燥单调,因为她们每天做的事情就是重复地做家务。

可是,如果她们能够抽出一点时间去参加家务以外的活动,而不是守在电视机前看肥皂剧的话,那么她们既可以让自己过得快乐,也可以有一个更好的心情去完成那些恼人的家务。

赶快行动起来吧,为单调的生活创造一些新鲜的乐趣,试着为自己发掘一些新的兴趣。保持快乐是人生最幸福的事了。

而做到这点最好的办法就是好好抓住生活中的每一个闪光点,发掘生活中每一件让你快乐的小事,让单调不再笼罩你,愉悦地享受美好的生活。

如果喜欢一件事,你就开始去做吧。即使此时此地只能把它当成业余爱好,你坚持去做了,点滴积累,有一天,它可能会成为你的专长,成为你可以靠之养活自己的看家本领。

1960年的某一天,摩西奶奶收到了一封署名为"春水上行"的来信,写信的是一个日本的年轻小伙子。这位小伙子在信中诉说,自己从小就喜欢文学,很想从事写作。

可是大学毕业后,迫于生活压力以及亲人的期许,他找了一份医院的工作,然而他的心里却不喜欢这份工作,他感到糟糕极了。

眼看年近三十了,他不知该不该放弃这份收入稳定的工作,而从事自己喜欢的写作。

彼时摩西奶奶已经世界闻名,她每天收到粉丝或是画商的来信,信的内容不是恭维自己就是向自己索要绘画作品的,而这封信却是谦虚地向自己请教人生问题。

摩西奶奶产生了浓厚的兴趣,她结合自己一百岁的人生阅历回复道:做你喜欢做的事,上帝会高兴地帮你打开成功之门,哪怕你现在已经80岁了。

而这位叫作"春水上行"的作家就是后来在日本乃至全世界都大名鼎鼎的作家渡边淳一。

做自己喜欢的事,在做它的过程中,让我感觉整个生命都是活力充沛的。它能让我沉浸,纯粹投入,感到兴奋。这样的体验本身就是收获,不是吗?

有人说,做自己喜欢的事不会累。有所喜好的人,会在一天的劳累工作后,费心思去琢磨研究一道桌上菜肴,侍弄一下花花草草,会在深夜读书码字,缝制一个手工小包。

对于喜欢这些的人来说,去做它,不是工作更不是任务,是生活情趣的调剂,是让身心放松的方式,累从何来?

所以,女士们,赶快行动起来吧,为了让自己拥有丰富多彩、快乐幸福的生活马上开始寻找吧。

活在当下，很多忧虑都是女人臆想出来的

我从小是在密苏里农场里长大的，有一天，正当我帮母亲采樱桃时，我忽然哭起来了。母亲问道："戴尔，你哭什么？"我噯嚅着说："我怕被活埋。"

现在听起来，这似乎很可笑，但在那段岁月中，我的确充满了忧虑。夏季雷雨时，我怕被雷打死。

干旱时，我担心食物不够吃。我担心死后会下地狱。我怕一个叫山姆的小男孩，他曾威胁要割我的大耳朵。

如果我向女孩们举帽致意，我担心她们会嘲笑我。我甚至担心没有人愿意嫁给自己，结婚后，可能不知道要跟太太说什么。

我想象在乡村教堂结婚，再坐马车回农庄……可是在回程的马车上，应该说些什么呢？怎么办？怎么办？我成天被这些问题烦得要死。

年事渐长后，我渐渐发现我担心的事99%根本从来没有发生。

各位女士，我为什么要提自己早年这些荒谬可笑的事情呢？我就是想告诉大家：我们不要自寻烦恼了，因为它们会毁掉你的生活和幸福。

但是很遗憾的是，很多女性没有想明白这一点，尤其是一些心思细腻的女性朋友，她们每天都在为一些不可能发生的事情而担心，最后整日让自己被烦恼和愁苦所包围，生活得非常累。

我以前有一位学员，史密斯太太。她的脾气非常不好，又非常容易急躁。她每天都在为不可能发生的事情而担心。

可是她的丈夫却是一位成熟、稳重的人。遇到什么事情都会仔细分析，并且从来不为任何事情而担忧。

他们结婚后，史密斯先生就会说："你真正担心的是什么呢？让我们好好想一想，不要慌张。其实你担心的那些事情是不会发生的。"

史密斯太太对我说："我的丈夫每次说的都是正确的。举个例子来说，有一次，我和丈夫去加拿大的洛基山地区露营。有一天晚上，突然下起可怕的暴风雨，我感觉我们的帐篷在风雨中飘摇，马上就要被撕裂成碎片了。当时我担心极了。"

但是她的丈夫对她说："我们这里有好几个向导，他们对这里的情况了如指掌。他们已经在这里生活了60年，从来没有出现你想的那些情况，所以，你根本不用担心。"果然如史密斯先生所言，暴风雨过去之后，大家都安然无恙。

"还有一次，小儿麻痹症在我们所住的加利福尼亚地区肆虐。我当时非常担心，怕自己的孩子也受到感染。"史密斯夫人说道。

于是她的丈夫和卫生署联系后告诉她："即使在加州小儿麻痹症最流行时期，也只有1835个孩子感染上这种疾病。而在平时，染上这种病的孩子不会超过300个，所以你不要太担心。"

果然又如史密斯先生所说的那样，她的孩子、邻居的孩子以及朋友的孩子，都相安无事。

各位女士，你们每天所担心的那些事情，真的都是多余的。伦敦最有名的保险公司——罗艾德保险公司——之所以能日进斗金，完全是因为人们担心的事很少发生。

罗艾德公司赌的是人们所担忧的灾难永远不会发生。当然，他们不称之为下注，而称为保险。

我们可以试想一下，如果我们担心的事情发生的几率非常大，那罗艾德公司不早就破产了。然而，这家公司已经存在200多年了。

千万不要为那些不可能发生的事情担忧了，不要再自寻烦恼。好好享受当下美妙的生活吧。

林肯曾经说过："只要你愿意，大多数的人都可以决定自己的快乐。"真正的快乐是源于人的内心，它并不是外来之物。因此，每天我们都要告诉自己："今天我要活得很开心。"

只要我们时刻牢记"活在今天",就完全可以消除生活中的忧虑和烦恼,找到真正的快乐和幸福。

不为打翻的牛奶哭泣

我早年事业刚起步时,在密苏里州举办了一个成年人教育班,并且相继在外围的几个大城市开设了分部。

我花了好多钱在教育班的宣传上,同时日常办公、房租等开销也很大,尽管收入不菲,但在过了一段时间后,我发现自己连一分钱都没有赚到。

由于管理和经验方面的欠缺,我的收入竟然刚够支出,辛辛苦苦几个月竟然一点回报都没有。我真是疏忽大意。

我的这种状态持续了很长一段时间,整日神情恍惚,闷闷不乐,我不知道还能不能将刚开始的事业继续下去。

于是我向中学时的老师索菲亚·约翰逊求助。"不要为打翻的牛奶哭泣"。老师的这一句话如同醍醐灌顶,我的苦恼顿时消失,精神也振作起来。

是啊,牛奶被打翻到地上了,漏光了,怎么办?是看着被打翻的牛奶哭泣,还是去做点别的?

既然牛奶已经被打翻了,再也不可能被重新装回瓶中,我们唯一能做的,就是找出教训,然后忘掉这些不愉快。

"别为打翻的牛奶哭泣",是英国古代的一句谚语,意即事情已不可挽回,就别再为它苦恼了。看似简单的一句话,却意义深刻,它其实告诉了我们一种对待错误和失误的心态。

已经无法改变的事实既可能成为推动人成功的法宝,也有可能成为困住人的陷阱。至于它对你是什么，关键就看你是对着打翻的牛奶哭泣，还是清扫一下现场然后再去冲一杯。

著名棒球手康尼·马克就如何对待自己输球的烦恼时说："过去我常常这样做，为输球而烦恼不已。现在我已经不干这种傻事了，既然已经成为过去，何必沉浸在痛苦的深渊里呢？流入河中的水，是不能取回来的。"

失去的东西是不可能回来的，所以，我们不应该为此类事而生气，而是应该学会坦然面对失去的东西。

曾经我为热爱运动的妻子买了一辆捷安特自行车，她非常喜欢它，每到周末就骑上它出去锻炼。

一天，妻子骑车回来后，忘记把车上锁，直接就上楼了。可是等她再出来准备骑车的时候，车子早已不见了踪影。

我知道这件事后，并没有埋怨她，因为现在去追究当时的过错，毫无意义。但是我的妻子却为此难过了整整一周。

终于她找了机会，开始在我面前忏悔："唉！太遗憾了，我怎么能不锁车就回家，当时脑子一片空白，不知道在想什么，这可真是一个低级错误啊……"

我听完后明白了几分，其实妻子的难过并不完全因为丢失的自行车，而是对自己的错误耿耿于怀。

于是我劝她："一辆自行车，一点都不需要你难过，它丢了这是不可改变的事实，可是你也不太可能把它给找回来。所以，别想它了，喝个茶休息一下……"

第二天，我又买了一辆自行车，放在妻子面前，并且告诉她："你现在拥有了一辆新车，而且比以前的那辆更好。"从此，妻子再也没有忘记过锁车，这辆车一直骑到现在。

心态不一样，看待问题就不一样，结果也会不一样。我们虽然不可能改变三分钟之前发生的事情，但可以设法改变三分钟以前发生事情所产生的后果。

鸡蛋破了就破了，任凭你怎么看着它，想着它，你都不可能使它重新变成一个完整的鸡蛋了，还不如挥挥手，潇洒地对自己说："破了就破了吧。"然后继续投入到新的生活中去。

如果心里整天想着它，怎么也挥不去那个阴影，怎么也摆脱不了那种懊悔，为此反反复复孤枕难眠,这样就放大了痛苦,带给自己的将是更大更多的失误。

我经常会听到我的学员讲:"如果工作之前我能把计算机学会……""如果我干的不是这一行……""如果我出生在有钱人的家庭……"

在这些假设之下,她们总会给我造成一种印象,那就是如今的不如意不是自身的问题,是机会和命运让他们错失良机。

我建议学员们,一定要认准自己最擅长的事情,并且坚持到底,这样才能做出成绩。

如果她们把自己的失败归咎于能力不足,认为自己好像做什么都不可能成功,于是就只能在失败的阴云里自怨自艾,甚至妄自菲薄了。

那么不妨想一想那杯被打翻的牛奶,你是愿意对沾满污垢的脏牛奶念念不忘呢,还是愿意重新喝上一杯新鲜的牛奶呢?

不可能让每个人都喜欢你

阿维娃是我的一位朋友。前些天我们在一起吃饭，她对我说："戴尔，我感觉自己以前太不成熟了，也太可笑了。"

我问她："你怎么会这么想呢？"阿维娃说："在以前，我希望我遇到的所有人都能喜欢我，自己每到一个地方，都会获得别人的赞美以及掌声。到后来我知道，这是根本不可能的。无论你多么努力，你也不能讨好所有人。"

各位女士，我相信你们也和阿维娃一样，也会有同样的想法。当然，这样想是没有错的，但是我们必须明白这样一个道理：你不能讨得每个人的欢心，那样只会让自己越活越累。

如果你希望和每一个人都搞好关系，最后你付出了很多时间去给别人帮忙，不欣赏你的人仍旧不欣赏你。

我觉得一个人只要做到：有几个很好的朋友，大部分人都很欣赏你，很少或基本上没有人讨厌你，你的为人处世就算是很成功了。

有些人就是这样，你帮了他十次忙，九次成功了，有一次没帮好，他就记你这一次，你费了那么多力，最后还是得罪了他。

这句话也许有点恶毒，不过，世界上确实有不少人，你越是努力和他结交，努力给他帮忙，他越是不把你放在眼里。

反之，如果你认真学习努力工作，在学习上在工作中做出成绩了，又不狂妄自大，自然能赢得别人的敬重。

邦妮是哈佛大学的一名高才生，大学毕业后，她在一家大型物贸公司找到了一份工作，成了公司经理的助手。到公司上班后，她希望自己能够受到大家欢迎，于是努力讨好公司中的所有人。

但非常遗憾的是，她根本不能让每个人满意：和上司交流的时候，她非常小心谨慎，但是上司却认为她缺乏独立性，不能独自把任务做好。

给下属吩咐任务的时候，她尽量温和一些，以防下属有抵触情绪。但是正因为这样，下属根本不听她的话。

后来，她独自策划的一个项目让公司获得了非常大的利润，她因此而受到了公司老总的奖赏。这本来是一件好事，但是她的上司认为邦妮太出色了，威胁到了自己的职位，所以对她非常冷淡。

而一些下属认为她抢了风头，所以非常嫉恨她。这下，邦妮的日子更不好过了，她感觉自己得罪了公司的所有人。这让她非常难受，每天都过得不快乐。

我们不能让所有的人满意，因为我们都不是完美无缺的人。再退一步说，即使你真的做到了完美无缺，你仍然做不到让所有的人满意，因为你如果优秀到让对方黯然失色，则会使他们产生抵触情绪。

有些女士会问我："卡耐基先生，你是不是想告诉我们，以后不要讨好别人了，随便别人怎么评价自己。"

各位女士，你们不要产生误会，我只是想告诉大家，你不可能让每个人都喜欢你，你们以后不要刻意地去讨好每个人，也不要太在意别人的评价，你只要努力做好自己就可以了。

这样的话，你不仅少了很多烦恼，也不会生活得很累。最重要的一点是，当你不再奢求每个人都喜欢你的时候，你或许还真的能够讨得大家的喜欢。

也许你会奇怪，为什么我不再讨好大家的时候他们反而会欢迎我呢？这是因为当你不再讨好大家的时候，你对待每个人都是平等的，大家感觉你是一个公平、诚恳的人。也正因为这样，大家都会欢迎你，和你成为朋友。

女士们，不要因为不能获得别人的喜欢而感到焦虑，平等地对待每个人，让自己的轻松去感染那些因紧张而忙碌得焦头烂额的人，让自己温文尔雅的笑容融化那些眉头紧锁的人。让大家感觉你是一个公平、诚恳的人。

这样，你才会融入他们的生活中，成为那个圈里的一分子。

"要对别人感兴趣，忘掉你自己，每天都要做一件能让别人高兴的好事。"在你受到大家喜欢的同时，别忘记去喜欢每一个人。

去做一些让大家认同并快乐的事情。每天带给周围的人一些欢笑，你反而会在他们心里烙下深深的烙印。

你已经拥有最好的一切

哈罗·艾伯特以前曾经做过我的教务主任,那时的他看上去总是忧郁极了。有一次,我们约好在堪萨斯城见面,他开车送我到密苏里州贝尔城我的农庄上去。

路上,我问他:"你怎么变得快乐起来的?"他给我讲了一个难忘的故事——

他说:"以前我常常为各种事情而烦恼,可是在那个春天,我在密斯特里斯大街上,看到了一件事,从此之后就不再感到忧愁了。整个事情前后不过10秒钟,可就是那10秒钟,我学到的人生道理比我过去10年里所学到的还要多。"

艾伯特曾在堪萨斯城开过两年杂货店,不仅将自己所有的积蓄都搭进去了,而且还借了一笔债,花了整整七年时间才算还清。但杂货店还是关门了,他准备到银行去借点儿钱,以便能再找一份差事,养活自己。他像个丧家狗一样在路上垂头丧气地走着。

这时,迎面走来一个没有腿的人,他坐在一个小小的木头架子上,木架下面装着从轮滑鞋上拆下来的轮子,他两只手各抓着一截木棍,撑着地让自己在街道上滑行。艾伯特看见他的时候,他也看向艾伯特,他们的目光相遇了。

他对艾伯特咧嘴笑了笑,问候道:"早上好!先生,这几天天气真好,不是吗?"他看起来开心着呢!艾伯特站在那里看着他,突然间,他感到自己是多么的富有!

我们已经比其他人拥有了太多,还有什么不满足的呢?还有什么不开心的呢?你的情况比很多人都好太多了。

乔瑟芬妮·柯特是我的一个学员。她一直是一个烦恼专家。她一边会为昨天犯过的错误后悔。另一边对未来又会产生深深的恐惧。

直到有一天，乔瑟芬妮·柯特在第三铁路公司的月台上为朋友送行。车站里人来人往，送完朋友上车后，她沿着铁轨朝火车头走去。

她将目光顺着那闪闪发亮的巨大车头移向铁道前方，一座巨大的信号台正亮着耀眼的黄灯。

突然间，黄灯变成了绿灯，火车汽笛长鸣，随着"发车！"的指令声，司机拉下启动闸，几秒钟内，巨大的火车轰隆隆地驶出车站，开始了它长达数千公里的漫漫旅程。

乔瑟芬妮·柯特的脑子突然被激活了，她意识到那位火车司机启发了她。司机只需看到一盏绿灯就开始了一段漫长的旅程，而她却想等到整段旅程全都亮起绿灯后再出发。

火车司机并没有因为前方可能会遇到艰难险阻而忧虑，事实上，为了防止火车可能会遇到的各种问题，人们建立起了一套信号系统——黄灯：减速、慢行；红灯：危险、停车；绿灯：安全、前行。这一套行之有效的系统使得火车能够安全运行。

于是，乔瑟芬妮·柯特也想要为自己制订一套良好的信号系统，也许这些系统早就存在于自己的身上，并且完全是由自己操纵着，因此能够保证步步安全——于是她开始找寻生命中的绿灯。

现在，乔瑟芬妮·柯特每天都会为即将开始的一天祈求绿灯。即使有时会遇到黄灯，它只不过使自己步履慢下来，还可以休息一会儿；有时也会遇到红灯，那就赶快停止，以免事情一发不可收拾。

曾经的我们都像从前的乔瑟芬妮一样，生活在美丽的童话王国里，生活在幸运中，却视而不见、充耳不闻。

《时代》杂志曾经刊登过这样一篇报道，说一个战士在战争中受了伤，喉部被碎弹片击中，输了七次血。

他给医生写了一张纸条，问："我能活下去吗？"医生回答说："是的。"他又写了一张纸条问："我还能说话吗？"医生回答说："当然可以。"得到这样的答复后，他写道："那还有什么可担心的！"

你不妨马上问问自己："还有什么可担心的。"对于你拥有的，不遗余力地感恩吧！

不为明天忧虑

我的老朋友布伦达夫人患了一种病，医生告诉她是结肠痉挛症，这是一种极其折磨人的病。布伦达夫人每天都感到精疲力竭。

布伦达夫人的两个孩子都生活在异地，大儿子承包了一片农场。而二儿子成立了一家小型企业，制作雨伞。

布伦达夫人很疼爱自己的两个儿子，她总是担心他们两个会在外面吃苦，当他们都有了自己的事业，布伦达妇人反而更难以安下心来。

她每天都在盯着报纸还有电视，查看明天的天气如何。如果一连几天都在下雨她总会忧心大儿子的农场会不会被淹掉，如果一连几天晴天，她又会担心二儿子的雨伞生意会不会不景气。

日复一日的担忧，让她的生活一片混乱，有时候为了等报纸，会坐在门口半天不回屋里，甚至一日三餐都不曾准时吃过。她总是告诉自己的邻居，她现在唯一能做的就是祈祷明天是个好天气。

最后布伦达夫人因为这样住进了医院。她的主治医生告诉她，她会生病完全是因为精神上的问题。

医生还告诉她一句很有价值的话："我希望你把你的生活想象成一个沙漏，沙漏的上半部分有成千上万的沙粒，它们缓慢地匀称地从中间的孔中流过。除非你把它弄坏，否则你我都没有办法让所有的沙子同时从那个孔中流出来。"

其实这位医生就是想告诉我们，生活中每个人都像个沙漏，而每天所要承担的事情就像这些刚落下的沙子。我们只能承载这么多。

如果不能平均地让自己去做这些事情，而是非要打破沙漏，一次性地去做完所有的事情，那么人的身体或者精神就会像弄坏的沙漏一样变得残破。

布伦达夫人听完医生的话，将自己的烦恼告诉了医生，医生对她说："您的孩子有他们的路要走，他们的道路您是无法预测也无法改变的。您只要照顾好自己就足够了。"

"因为您生病他们不得不放下手里的工作过来照顾您，而且还会每天忧心您是不是好了，这就已经给他们造成了一些麻烦。如果您能够好好照顾自己，不再让自己陷入矛盾中，您的两个儿子才能安心地打拼自己的事业。"医生语重心长地说。

布伦达夫人豁然开朗，从那以后，她不再为了明天的天气而替她的两个儿子而担心，而是平平淡淡地、开开心心地去过自己的每一天。

《圣经》里说过：不要为明天忧虑，因为明天自有明天的忧虑；一天的难处一天当就够了。明天的事情会有明天的时间去完成，你只要做好今天的事情就好了。

即便今天剩余的时间还很多，那不如多增加一些小趣味，丰富一下自己的生活。而不是让自己的身体和精神时时刻刻处于一种过度劳累的状态。

远虑是无穷尽的，不要让远虑成为近忧。人生路上有无数的驿站可以歇脚，有的包袱可以等到该背的时候再去背，用不着把所有的包袱都背在今天的背上。

如果我们能够平平安安地度过一天，那就是一种福气了。多少人在今天已经见不到明天的太阳，多少人在今天已经成了残废，多少人在今天已经失去了自由，多少人在今天已经家破人亡。

我们不是超人，精力总是有限的，不要试图在今天解决明天的所有问题。这就好比明天要吃的食物非要今天全部吃到肚子里，最后撑垮了胃。

女士们，我们没有必要让自己变得那么劳累。这样反而会让自己还有身边的人都为了你而忧心。放开自己，让自己只为今天而活，学会享受其中的乐趣。做一个快乐，有条理，轻松的健康女人。

多想想那些得意的事情

女士们，你们最得意的事情是什么？对于这个问题，我想，大多数女士都会回答："哦！你问我什么事情最得意，还真不好说，这个我得好好想一想。"

如果你真的不能马上就给出答案，那么就请坐下来好好想一想，思考一下什么事情使得你骄傲。这有助于你拥有愉快、轻松的心情。

有一次，我在英国伦敦的街道上遇见了我以前的老朋友爱伦女士。我们有很多年没见面了，所以我邀请她一起共进午餐，也借此机会叙叙旧。闲谈间，我发现爱伦女士变化很大。

她以前是个十分忧虑的人，几乎每天都生活在痛苦和烦恼之中。而如今，坐在我对面的则完全是一个非常自信的女人，在她的脸上根本看不出一丝的不快乐。

当时，我已经有要写《人性的弱点》那本书的想法了，所以我就向爱伦女士征询好的方法，看她是怎么变得如此快乐的。

我问爱伦："你的变化可真大，我简直都不敢相信我的眼睛。和我说说，你是怎么赶走忧虑的？看得出来你现在很得意啊？"

爱伦笑了笑说："戴尔，你说得没错，这几年我真的都很得意。我几乎每天都在想那些得意的事。"

我说："祝贺你，现在活得这么洒脱，你可真幸运。"

爱伦摇了摇头，说："不，并不是我幸运，而是因为我每天都让自己去回想那些得意的事情。戴尔，你知道什么是我最得意的事吗？我现在很健康，而且还有一份不错的工作。另外，我有一个爱我的丈夫和可爱的女儿。这些东西都是我所得意的。"

我有些不解地问："我不明白爱伦，这些东西看起来很平常，每个人都拥有，怎么能说是你最得意的事呢？"

爱伦若有所思地说："你知道，我以前一直生活在忧虑之中，特别是1943年刚开始的时候。那年春天，我经营的那家杂货店倒闭了。我不仅为此赔上了所有的积蓄，而且还欠下了很大的一笔债，最少也要7年才能还清。"

爱伦当时认为自己失去了一切，所以丧失了所有的斗志和信心。她像一只泄了气的气球，没有勇气振作起来了。直到一个人的出现她才开始重新看待生活。

到底是什么事让爱伦发生了如此大的变化呢，我非常迫切地想要知道。

爱伦说："一天一个乞丐来我家乞讨，我才发现自己是多么的富有。那个乞丐大概已经七八十岁，他的左腿没有了，只能挂着拐杖一跛一跛地走路，但是他的心情很好，当他艰难地走到我面前的时候，他竟然对我笑了笑，然后才说：'这位女士，您能不能帮帮我？'"

爱伦给了他一些钱，还给了他几块面包。得到了这些东西后，那个乞丐的心情更好了，面带微笑地朝另一家走去。她说："当时我的心中颤了一下：和他比起来，我是多么的幸福啊，但是我却仍然不知足，整天去想那些不愉快的事。"

从那天之后，爱伦经常提醒自己，不要再这样折磨自己了。还是多想些让自己高兴、得意的事吧。于是，她常常去想她那能干的丈夫和可爱的女儿。因为常常想这些，她的心情变得愉快了，心中的忧郁也渐渐消失了。

我突然间觉得爱伦是个很伟大的女性，因为她已经领悟到了人生的真谛，得到了上帝的馈赠——自信。女士们，你们也应该向爱伦学习。现在，我应该公布开头那个问题的答案了。

其实，人一生最得意的事就是满足于自己拥有而别人没有的东西。只有这样，你们才能拥有自信而充实的人生。

我承认，在生活中人总是会遇到这样或那样的麻烦，尤其是各位女士，你们的麻烦似乎比男士要多一些。

然而，如果我们细心地观察会发现，实际上我们做的所有事有绝大部分都是很顺利的,只有一小部分存在麻烦。

因此,女士们,我要告诉你们一个获得自信的秘诀,那就是将你的注意力集中在那绝大部分顺利的事上,每天都盘算你所得到的恩惠,让最得意的事常在你的脑海中萦绕。

好心情是可以装出来的

假如你"假装"对工作感兴趣，这态度往往就使你的兴趣变成真的。这种态度还能减少疲劳、紧张和忧虑。

有一位找我咨询的女孩，从走入咨询室的第一时间，就给我一种"阴沉"的感觉。这位女孩时不时地眉头紧锁，而且声音低沉，一副萎靡不振的样子。

她告诉我："进公司半年了，我就没有笑过。我很怕上司，很害怕同事。实在是太压抑了。"我知道这样的来访者心里积压着太多的情绪，"大道理"是无法说服和改变她的，于是我采用了一个特殊的处理方式。

我让她把自己担心、讨厌、害怕的事情一一列举出来，结果她写了很多。我告诉她："现在把你列举的每一件事情都读出来，不过读完一条，就要装出自己很高兴的样子，发出'哈哈'两声。"

女孩听了大感不解，但还是按照我的要求做了。很出乎她的意料，读着读着，她也忍不住笑出声来。这样的笑声让她心情好了很多。这时我们才开始进入了正式的咨询。

在心理学上有个术语，叫"假喜真干"，就是假装自己喜欢，并且付出实际行动。心理学家艾克曼的实验表明，一个人老是想象自己进入某种情境，感受某种情绪，结果这种情绪十之八九真会到来。

一个故意装作愤怒的实验者，由于"角色"的影响，他的心搏率和体温会上升。心理研究的这个新发现可以帮助我们有效地摆脱坏心情，其办法就是"心临美境"。

例如，一个人在烦恼的时候，可以多回忆愉快的时候，还可以用微笑来激励自己。当然，要真笑，要尽量多想快乐的事情。那么你就会真的快乐起来。

惠斯顿小姐在俄克拉荷马州城的一家石油公司工作。每个月都得填写一份已经印好的有关汽车销售的报表，在上面填上各种统计数字就好。很简单却也很枯燥的工作。

为了让自己枯燥的工作变得有趣，她于是想出了一个办法。在早上的时候，她先点出需要填表的数量，然后尽可能让自己在下午打破这些纪录，然后再看看每天填了多少报表，第二天再想办法打破这一天的纪录。这种比较让她感到很快乐。

结果她不仅高效地完成了工作，还提高了打字速度。因此她也受到了上司的夸奖。她尽力完成了工作，有助于防止因烦闷带来的工作疲劳。这样一来，她也能节省更多的体力和精神，在休息的时候也感到很开心。

几十年来，心理学家都认为：除非人们能改变自己的情绪，否则通常不会改变行为。我们常常逗眼泪汪汪的孩子说："笑一笑呀。"结果孩子勉强地笑了笑之后，跟着就真的开心起来了。情绪改变导致行为改变。

美国心理学家霍特举过一个例子：有一天，友人弗雷德感到意志消沉，他通常应付情绪低落的办法是避不见人，直到这种心情消散为止。

但这天，他要和上司举行重要会议，所以决定装出一副快乐的表情。他在会议上笑容可掬、谈笑风生，装成心情愉快而又和蔼可亲的样子。

令他惊奇的是：他不久就发现自己不再抑郁不振了。弗雷德并不知道，他无意中采用了心理学研究方面的一项重要新原理：装作有某种心情，往往能帮助我们真的获得这种感受——在困境中较有自信心，在事情不如意时较为快乐。

利用有意识的动作来改变我们的心情，利用心情来改变我们的行为，这是帮助我们度过生活中困难时刻的有用方法。

英国小说家艾略特曾写道："行为可以改变人生，正如人生应该决定行为一样。"如果我们能记住这句格言并遵照它去做，我们就能获得更充实、更快乐的人生。

第三章

不妥协、不讨好、不将就

你可以选择不妥协

你想去拉斯维加斯看夜景,你的丈夫却说他想去华盛顿参观林肯纪念馆,于是你妥协了,听从了丈夫的安排。

女士们,生活中无论是大事还是小事,你们可能都习惯于听从丈夫或家人的安排,殊不知这就养成了你们没有自己的想法、缺乏主见、善于妥协的坏习惯。

伟大的不妥协主义者拉尔夫·埃森默说过:"想成为一个成熟而有魅力的人,就不能妥协。正直的心是世界上最神圣的东西……我犯了错误是因为我对自己产生了动摇,我想看别人是怎么想的。"

这番话深深地震撼了很多人,一直以来,人们都认为,要想维护良好的人际关系,首先必须站在别人的立场看问题。

也许,我们可以这样理解埃森默的话:"我们可以站在别人的立场上看问题,但是一定要以自己的观点作为行动的依据。"

如果说,成熟可以带来一些好处的话,那么,其中的一条就是:成熟的人有自己的信念,无论结果如何,他都有根据信念行事的勇气。

我参加了一个集会,集会讨论到最后偏离了主题,而转到一个颇具争议的问题上去了。除了一个人外,所有客人的观点都达成了一致。

这个人始终小心翼翼地回答所有问题,避免引起争执。直到有人面对面地问他如何看待这个问题。他笑着说:"在这个大多数人都达成一致的场合,我本不应该发表自己的意见的。既然您问到了,我就说几句。"

紧接着，他侃侃而谈地说出了他的观点。当然了，他受到了各种反对声音的包围，孤立无援，但他寸步不让，始终坚持自己的想法。

他说服不了别人，但因为他的毫不妥协，他也赢得了人们对他的尊重。对他来说，附和别人的观点似乎更容易一些，可他没有那样做。

在一些人看来，不妥协既不舒服，也不愉快，甚至还会遭遇危险。所以，他们宁愿温顺如绵羊一样地活着。

他们觉得隐藏在人群中才更安全，他们从不质疑"牧羊人"的指令，那种离谱的事他们想想就恐惧得发抖。他们对这种安全的欺骗性从没有这样的觉醒：羊群是最脆弱的群体，它们一受惊就可能全线崩溃。

妥协的结局就是被人奴役。要想获得真正的自由，只有自己主动去迎接生活的挑战，努力奋斗，为自己开拓道路。

埃德加·莫尔是著名的战地记者和作家，他曾说过："如果消极的态度，比如圆滑、稳妥，或者是逃避困难等左右了我们的个性，那么，无论我们是什么人，都不能算是一个正直的人。

"人只有在接受了重任时才能体现出自己的价值，那时，我们才拥有了最大的幸福。我们的祖先说过，在困苦中成长的人才是健康的。"

女士们，如果你们真的拥有成熟的人格，你们就不应该妥协，不应该躲在人群中，也不应该不加审视地、盲目地接受别人的思想。

但我们之中的大多数人却和墙头草没什么两样，我们总是在想：那么多的人不认可我，我肯定错了。于是，我们轻易地妥协了。

通常情况下，大众的观点压制着我们自己的信念，使我们在如此重压下难以喘息。面对强大的习惯势力，我们丧失了自信，也习惯了妥协。

普林斯顿大学的校长哈罗德·多德兹，非常关注"妥协和不妥协"引发的冲突。在普林斯顿大学 1955 年夏天的学士学位授予仪式上，他以"做一个独立思考的人"为题，发表演说。

"压力迫使你们妥协，这也要改，那也不行。可是不管压力有多重，"他告诫毕业生们说，"如果你有一个真正独立的灵魂，那么你就会发现，妥协只会带给你失落感。

"为了让自己的让步更合理,你做了很多努力,事实会证明:一切均属徒劳。除了丧失了自己最宝贵的财富——自尊外,你没有任何收获。

"妥协,即使带给你短暂的、一次性的满足,但是,你没有做成自己的主人。放弃的愿望、一个真正的人对人云亦云做法的抵制情绪,会时时冒出来打碎你内心的平静。"

生活不是用来妥协的,你退缩得越多,喘息的空间就越少。再多挫折,也不放弃追求梦想的勇气;再微小的努力,也会让自己的人生过得更精彩一些。不妥协,才能做最好的自己。

大声说"不"

很多人在想要拒绝对方的时候,会产生一种"不好意思"的心理,这种心理阻碍了人们把拒绝的话说出口。

要想使自己在工作和社会交往中,不至惹出很多麻烦,首先要克服这种"不好意思"的心理障碍。

研究拒绝艺术的专家强调,要建立这样的意识:"你有权利说'不',你不必因为拒绝了别人而感到不好意思。"

即使对方开始会对你的拒绝产生一点儿失望和遗憾,但由于你的态度表情向对方表明你是坦诚的,使对方受到感染,容易弱化对方心中的不快。对方一定会理解你的。

如果你自己都觉得不应该拒绝,心里发虚,那么你的态度表情就会迟疑不决,对方也会觉得你拒绝的理由是不可信的。

我的培训班的学员辛蒂和我说她现在很为难。原因是她的上司给她介绍了一个男朋友。可是她并不喜欢这个男人的长相,对他实在是爱不起来。

但是由于是上司介绍的,还是上司家的亲戚,让辛蒂在拒绝中产生了犹豫。每次和那个男人见面,辛蒂都感到不愉快,恨不得马上逃得远远的。但是一想到她的上司。辛蒂又不敢拒绝了。

这个男人对辛蒂充满好感,辛蒂的上司知道后也觉得好事可成。辛蒂一味地勉强自己,失去了很多拒绝的机会。

有经验的人们告诉我们，坦诚直率地表明态度，只是拒绝的开始而不是结束。如果要使对方不积怨，仅仅说出"不"字还远远不够。

在可能的情况下，要尽量申明拒绝的理由：因为自己力不胜任，现在没有时间，有某种为难之处等。

拒绝别人，要坦诚明朗，不要优柔寡断。当然，这并不是主张在任何情况下，对任何人都直来直去地说出这个"不"字。

对于一些自尊心较强、反应敏感或是脸皮薄的人来说，只婉转地表述拒绝的理由，而不说出拒绝的话会更好一些。

学会拒绝别人就像学会向别人倾诉一样，给你带来的益处，就是你能坦坦然然地做人，快快乐乐地生活。

基辛格博士在访问中东的议程即将结束时，在别人的推荐下，打算到著名的"芬克斯"酒吧看看。

于是他打电话给酒吧的老板，并用十分委婉的口气和他商量说："我有十个随从，他们将和我一起前往你的酒吧。为了方便，你能谢绝其他顾客吗？"

不料这位老板却说："我欢迎你们来，但要谢绝其他顾客，不可能。"基辛格博士后来坦言告诉他："我是出访中东的美国国务卿，我希望你能考虑一下我的要求。"

酒吧老板礼貌地对他说："先生，您愿意光临本店我深感荣幸，但是，因您的缘故而将其他人拒于门外，我无论如何办不到。"基辛格博士听后，摔掉了手上的电话。

第二天傍晚，酒吧老板又接到了基辛格博士的电话。基辛格博士首先对他前面的失礼表示歉意，说明天打算带三个人来，订一桌，并且不必谢绝其他客人。

酒吧老板说："非常感谢您，但是我还是无法满足您的要求。"基辛格很意外，问："为什么？"

"对不起，先生，明天是星期六，本店休息。""可是，后天我就要回美国了，您能否破例一次呢？"基辛格博士问道。

酒吧老板很诚恳地说："不行，我是犹太人，您该明白，礼拜六是个神圣的日子，如果经营，那是对神的玷污。"

这个小酒吧连续多年被美国《新闻周刊》列入世界最佳酒吧前十五名。酒吧老板的身上体现了一种十分珍贵的品质,那就是:拒绝的勇气。

　　在需要拒绝的时候,他勇于拒绝任何人——包括基辛格那样的高官和权贵。

　　要说出拒绝的话,的确不是一件容易的事。但是为了你的声誉,你的利益,为了彼此都能正常地生活,为了大家都不会出现误解和猜疑,有些话还是明说比较好,千万不要打肿脸充胖子,因为那样的后果不知会变成什么样。

你不需活在别人的认可里

我的一位学员玛莉亚，非常喜欢唱歌。她每天都在房后的空地上练习唱歌。她的一位邻居听了，冷笑着说："你即使练破了嗓子，也不会有人为你喝彩，因为你的声音实在是太难听了。"

玛莉亚回答道："我知道，很多人都对我说过同样的话，不过我不在乎，我是为自己而活着，不需要活在别人的认可里。"

玛莉亚说，她只知道在唱歌时自己很快乐，所以无论别人怎么指责她的声音难听，都不会动摇她唱下去的决心。

不错，女士们，你们不需要永远活在别人的认可里，快快乐乐地为自己活，潇潇洒洒地"自恋"，哪怕别人把你们当成"精神病患者"，你们自己也要做一个快乐的"美人症患者"。

可是，在现实生活中，很多女孩却常常为了他人一句无意的嘲笑，或者因同事一次无心的抱怨而闷闷不乐，甚至开始彻底地怀疑自己、否定自己。其实，这样的心态是不对的。

虽然我们有必要听取别人对自己的评价，但也不能过分在乎，否则，烦恼的是你自己，痛苦的也是你自己。

一个朋友发短信对我说："以前我很辛苦，因为我太在乎别人对自己的看法了，所以，我很多时候都想做得面面俱到，结果把自己弄得很辛苦。现在，我开始跟着感觉走，也能比较清楚地表达我的看法。我只是想活得轻松一些，不要那么辛苦。"

的确，一生为别人而活着是很累的，也很愚蠢。艾莉诺·罗斯福说过："未经你的同意，没有人能使你感觉卑微。"

古希腊谚语也说："除了自己，没有人能够侮辱我们。"

我们每个人都不可能孤立地生活在这个世界上，很多知识和信息都来自别人的教育和环境的影响，但你怎样接受、理解是属于你个人的事情，这一切都要你自己去看待、去选择。

歌德曾经说过："每个人都应该坚持走为自己开辟的道路，不被流言吓倒，不被他人的观点牵制。"让人人都对自己满意，这是不切实际的、应当及早放弃的期望。

如果你期望人人都对你感到满意，你必然会要求自己面面俱到。可是不论你怎么认真努力去适应他人，都无法做到完美无缺，让人人都满意。

只有懂得享受自己的生活，不受别人的消极影响，不管别人如何评价你，你的生活才会是幸福的。

有时，你需要步出熙熙攘攘的人群，呼吸一番新鲜空气，并提醒自己：我是谁？我想成为什么样的人？最美妙的事情就是听从自己内心的呼唤，勇于挑战。

不要再因担心别人的看法或者畏惧未知的事情，而被动接受安乐窝里的选择。只要你去做，一切都会安好！不要让那无关紧要的琐事，羁绊自己的思路，阻碍自己前进的道路。

在《如何假装自己优秀》这本书里作者写过人是怎么跟自己玩优秀的：

通过努力变得优秀，让别人看到自己的优秀以获得别人的认可。

通过堵住别人的嘴，不让别人说自己差来感觉自己是被认可的。

总之我们很难逃过这个宿命：想要很努力地做好，爱表现、爱夸张、爱显摆、爱张扬，就会换别人一句：你真棒。

我们那么想听一句你真棒、你真漂亮、你真厉害、你真聪明……

同时，也那么害怕别人说我们不好，当有风吹草动感觉自己不被爱不被认可的时候，就紧张或愤怒不已，好像自己真的不好了一样。

是的，人有时候就是不被爱，不被喜欢，不被认可，被忽视。就是被很多人都嫌弃、都抛弃，就是不值得。

可是，那又怎样。你好不好，跟别人有什么关系呢。

即使你优秀了可爱了，照样会有人看不到你，你还是会被忽略和否定，你无法阻止这个现象的发生。

所以，女士们，你无须别人说你好或者不好，你只需要做给自己看，对得起自己的心就可以了。因为你所有的活着，都是给自己活的，而不再是他人。

你永远有选择更好的权利

爱丽丝是我的姑妈,她非常不幸地患上了癌症。在癌症晚期,她并没有悲观消极地等待死亡之神,而是在家人的帮助下完成一部回忆录。

当旁人看到她面对那些耗时费力的任务表现出的勇气时,简直震惊了。她说想要在孩子人生的不同阶段都留下建议与警示。

她为了保持清醒,尽量不使用止痛药。她对着录音机将自己的话录下来,然后转交给家人,帮她记录。她积极主动,充满勇气。

在她离开世界的濒危时刻,她也曾害怕过,恐惧过,可是她努力战胜痛苦和磨难,坦然面对死亡。最后她选择努力贡献出自己的能量、关爱与感激。

生命总是带给人不同的体验与感受,做最好的自己,坦然接受生命中的悲欢离合,喜怒哀乐,一切都在于你如何选择。

一位英国蒙特瑞综合医院的医科学生正对生活充满了忧虑,不知道怎样才能通过眼下的期末考试,不知道未来该做什么,也不知道将来自己会在什么地方,会创立什么样的基业。

一天,他在一本书里读到一句对他的前途产生了很大影响的话。正是这句话改变了他,使他后来成为最有名的医学家之一。

这个幸运的年轻人就是比尔·奥森勒,那句对他影响很大的话来自汤玛士·卡莱里。他说:"对我们大家来说,生活中最重要的事情不是遥望将来,而是动手理清自己手边实实在在的事。"

42年后，在一个温和的春夜，比尔·奥森勒爵士在耶鲁大学发表了演讲。学生们问他成功的秘诀是什么呢？比尔·奥森勒爵士认为这完全是因为他活在今天里。

这是什么意思呢？在奥森勒爵士到耶鲁大学去演讲的几个月之前，他乘着一艘很大的海轮横渡大西洋，看见船长站在舵房里，他每按下一个按钮，就发出一阵机械运转的声音，船的几个部分就立刻隔绝开来。

后来奥森勒爵士对耶鲁大学的学生说："你们每个人的身体构造都要比那条大海轮精美得多，所要走的航程也要远很多，我要对你们说的就是，你们也要学着控制一切，活在今天，与过去和未来都隔绝开来，这是在航程中确保安全的最好方法。"

作为人生的船长，你们会发现在舱房里面大的隔舱都可以独立使用；按下按钮，注意你生活的每一个层面，用铁门把那已经死去的昨天隔断；按下另一个按钮，用铁门把那些尚未诞生的明天也隔断，然后你就安全了。

因为切断过去，意味着把已经死去的无价值的过去埋葬掉，否则昨天的责任、明日的重担会成为你今日成功的最大障碍。

要把未来像过去一样紧紧地关在门外，未来就在于今天，根本不存在明天这个概念，否则人们只会是白白浪费精力，遭受郁闷。

女士们，把你大船里的大隔舱都关上吧，养成一个生活在完全独立的今天里的好习惯，这就是我要对你们说的话。

奥森勒爵士的话并不是说我们不应为明天而下功夫准备，他说："为明日做准备的最好方法，就是要集中你所有的智慧与热诚，把今天的工作做得尽善尽美，这才是你能应付未来的唯一方法。"

奥森勒爵士是一个懂得生活的人。他说我们很多人都在为自己的将来感到忧虑、焦急，甚至会庸人自扰，天天空烦恼。殊不知，其实生活给了我们很多启发乃至会带来成功的机会，只可惜我们在虚度光阴中错过了。

但丁说过："想一想，这一天永远不会再来了。"生命正在以难以置信的速度飞快地溜过，但今天才是我们最值得珍贵的一段时间，也是我们唯一能够真正把握的时间。

我们可以为明天小心地考虑，严密地计划和准备，但不必担忧。所以女士们，停止忧虑吧，不要再让以后的烦恼预支你现在的快乐了！

圣雄甘地说："除非你拱手相让，否则没人能剥夺我们的自尊。"在面临选择时，如何做出更好的选择，全在于各人的价值观判断。你是一个什么样的人，会做出什么样的选择，都在于你自身。

一个人能够控制好自己的情绪，做出理智的选择，这个人的内心修养与学识都不在下游，这样的人怎么能不收获快乐与幸福呢。

唯一值得在乎的是你自己的想法

我的培训班上曾经有一个学生，在参加我的课程时总是不在状态，好像有心事。私下里我问她怎么回事，她说自己一直在犹豫是否要辞掉公司的事务来开一家服装店。

原来，她有一份很不错的工作，可是每天的早出晚归让她感到麻木，缺少了生活的激情。于是她就想自己在城里开一家服装店，况且她还从父亲那里学过裁剪衣服的手艺。

当她把自己的想法告诉同事们的时候，她们都觉得她太傻了，竟然要放弃自己这么优越的工作。如果服装生意做不下去了，她一定会后悔死的。

她的朋友们也都纷纷劝她别那么冲动，最好不要做生意，风险太大。她的一个亲戚甚至说："你就珍惜你现在的工作吧，当时要不是你走运，没准这份工作就是别人的了，你还有什么不满足的呢？"

几乎没有人支持她，这让她感到非常沮丧。她开始怀疑自己的想法真的不可行吗？虽然她每天都来参加我的课程，可是很明显她状态不佳，总是走神。

一直到我问是怎么回事，她才把情况说了出来。她问我："卡耐基先生，我真的不知道该怎么办了，您能给我一点儿建议吗？"

我摇摇头说："我觉得，我没有办法建议你到底是该放弃工作，还是该放弃开服装店的想法。这是你的事情，应该由你自己做决定，不要听从其他人的意见，你内心的想法最重要。"

后来，她辞去了那份不错的工作，开始打拼自己的事业。虽然我不知道她的服装店的生意是否兴隆，但是我认为，她至少遵循了自己内心的想法，迈出了那一步，没有被其他的言论左右。

开服装店是她的梦想，不管生意怎么样，也不管她放弃了什么，只要她勇敢地做了，那么她就离成功近了一步。

人的生命只有一次，你就只有这一次生命可以追逐自己的梦想。去做自己喜欢的事情，即使失败，也胜于在自己讨厌的事情上取得成功。

所以女士们，请把握机会，追逐自己心中的梦想，屡败屡战，直到成功；勇于走出舒适的避风港，一次次向困难发起挑战。让我们满载勇气和激情，努力把梦想付诸现实。

各位女士，千万不要太在意别人的看法，凡事都应该有自己的主见，在面对双向甚至多向选择时，决定权永远在我们自己的手中，也许有的时候我们自己的选择并不是最好的，但这就是人生。

让自己成为掌舵人，即使这艘船在我们的生命中行驶得有点颠簸，我们也会在航行的快乐中到达自己的生命彼岸。

如果总是因为他人的看法改变自己，你会活得越来越没有自我。想要达到最终的目标，就不能放弃自己，要自己来走完这条路。

也许，你会说："卡耐基先生，我们都是社会人，生活在集体之中，我们不可能完全避免从别人眼中去看自己，我们也不可能在任何时候都我行我素，在面对别人的评价时也无法做到泰然处之。"

没错，这就是人的社会性，完全可以理解。但是，只有忠于自己的感觉，做自己想做的事情，才是生命活力的来源。

生活中最大的幸福感，并不是在金钱方面的满足，而是能够放手做自己真正想做的事情，并且乐在其中，做到最好。

如果一个人的行动完全取决于别人的看法，他就会失去自我，成为别人意愿的奴隶。因此，我们应当坚持自己的主见，切莫让别人的建议反客为主。

作为一名女性，如果你能做到无论别人说什么都认定自己的立场，认定自己是对的，那么你就会获得很多成功机会。

不要让别人否认的目光扰乱你内心的平静。这世上有两种人：一种人会消耗你的能量和创造力；另一种人会给你能量，支持你的创造，或者只是一个简单的微笑。

拒绝第一种人。让自己快乐起来，去做自己想做的人。有人不喜欢，由他去吧。快乐是一种选择——你的选择！活着不是为了取悦他人。你才是自己梦想和幸福的唯一主宰。

保留属于自己的空间

各位女士，为自己留出一块"禁地"：你可以为自己保留一些秘密。

这并不是说你要瞒着丈夫做一些事情，而是指属于你的过往，尤其是那些可能会影响你们夫妻关系的事情，千万不要"为了坦诚而坦白"，有些时候隐瞒比坦诚更友好、更利于你们的夫妻关系。

我的一名学生薇姿女士，在订婚前夕，把她往昔的情感经历告诉了未婚夫，结果换来的却是一场无疾而终的婚姻。

薇姿女士告诉我说，她万万没想到会是这样的结局，她只是想把自己的一切毫无保留地告诉未婚夫，因为她足够爱他，不想对他隐瞒任何秘密。

如果早知道是以分手为代价，她是打死都不会说的。

其实，每个人都有自己不同的人生经历，所交往和接触的人也不同，因此，每个人都有自己的隐私，恋人、夫妻也不例外。

留点秘密给自己，会让你的生活少一分猜疑，多一分快乐。当然，留点秘密给自己并非有意欺骗。

而是指你在说话前多思考，以免祸从口出，或破坏了一段不可多得的爱情。这也体现了人与人之间相处的一种艺术，掌握好分寸，你就会拥有好的人缘。

一个聪明的女人会用全新的生活去覆盖自己的过去。留点秘密给自己，女人就多了一分魅力，而要想使自己的魅力保持得更长久，适当保留一些秘密更是必需的，同时，这也是一种生活的艺术。

同样地，在你给自己保留一定的空间的时候，也要给你的丈夫保留他的空间。爱他，就给他自由的呼吸，密不透风的"深爱"，其实是披着关爱外衣的自私占有……

对于女性来说，总是希望丈夫像热恋时一样与自己如胶似漆。但生活中一些事情常常是物极必反的。

你越是想得到他的爱，越要他时时刻刻与你不分离，他越会远离你，背弃爱情。你多大幅度地想拉他向左，他则多大幅度地向右。

维尼太太和我说过她和丈夫刚结婚时的故事。他们刚结婚的时候，丈夫还是一个小职员，每天在外奔波。

那时候丈夫的腰间仅有一个寻呼机。每天一到下班维尼太太就打寻呼要他回来，生怕他在外面学坏。

久而久之，她的丈夫有些忍受不了，感到非常烦躁。一天他回到家就冲维尼太太发火："整天 call，你烦不烦啊？"

一听这话，维尼太太的委屈如潮水一般涌上来：我是因为关心你、爱你、害怕失去你才这样，可你却丝毫不领情……从此他们的感情便日渐疏远。

后来维尼太太偶然间读到一篇文章《放开他，并不等于失去他》，文章里描写了一个和维尼太太处境相同的女孩，生怕失去恋人，因此就无时无刻地监视他，弄得他心烦意乱，最终提出了分手。

读到这里，维尼太太猛然一惊：是啊，为什么一定要把男人死死地看住呢？他有自己的事业，有自己的天空，为什么不放开他，给他一定的自由呢？

从此，维尼太太改变了很多，不再追根究底地查他的去向，而他对太太的态度也因此有了明显改善，晚回家时总是会给太太打电话说一声。

如今，他们的婚姻已经走过二十五载，维尼太太说，这一切都源自于他们能够给彼此合适的空间，而不是亲密无间。

爱情就是这样，爱本是生命中深挚的关怀与体察，无须刻意去牵扯，越是想抓牢，越容易成为枷锁。当你不去肆意干涉，生命就会长成它原本最美的样子。

一位母亲把即将出嫁的女儿叫到身边，母亲慢慢地蹲下，从地上捧起一捧沙子，送到女儿的面前。只见那捧沙子在母亲的手里，圆圆满满的，没有一点流失，没有一点撒落。

接着母亲用力将双手握紧，沙子立刻从母亲的指缝间泻落下来。当母亲再把手张开时，原来那捧沙子已所剩无几，而团团圆圆的形状，也早已被压得扁扁的，毫无美感可言。

女孩望着母亲手中的沙子，领悟地点点头。爱情需要空间，握得越紧，失去的反而越多。爱情需要自由呼吸，不管是"硬泡"还是"软磨"，都不是爱情本该具有的形式。

你的命运完全由自己决定

我曾经在《人性的弱点》中写道:"对自己选定要做的事,就不要轻易做出改变,因为即使是错的也只有结果才能做出判断,宁可承受失败后的痛苦,也不接受事前的左右。"

成功是靠自己取得的,也只有自己才能够成就自己,如果一个人总是活在他人的评价里,时刻按照他人的评价修正自己的行为,完全被他人的评价所左右,最后很可能是一无所获。

我非常喜欢迪斯尼先生,他也和我讲过他小时候的事情。迪斯尼先生在上学时就对绘画和冒险小说特别感兴趣,他非常喜欢马克·吐温的《汤姆·索亚历险记》等探险小说,并且梦想着自己以后能把书中的故事变成图画。

一次,老师布置了绘画作业,迪斯尼出色地完成了。但当时的老师根本就无法理解这幅画,因为迪斯尼把一盆花的花朵画成了人脸,把叶子画成人手,并且每朵花都以各种表情来表现着自己的个性。

老师认为迪斯尼是在胡闹,当着全班同学的面把他的画撕得粉碎。迪斯尼感到非常气愤,当他反抗时,老师更加严厉地批评了他,并告诫他以后不许胡闹。

迪斯尼感到非常委屈,回到家里,和他的父亲说明了事情的缘由。父亲听完后,对他说:"我认为你的画很有创意,对同一个事物,不是每个人的看法都是一样的,关键是你自己怎么想。"

他的父亲紧接着对他说道:"孩子你要记住,不能主宰自己命运的人,终生都是一个奴隶。"迪斯尼牢牢记住了当时父亲的这句话。

第一次世界大战时，迪斯尼自愿参军，在部队中做汽车驾驶员，空闲时间他就创作一些漫画，并投寄给杂志社。但他的作品没有被发表过，几乎都被退了回来。

战争结束后，迪斯尼来到了堪萨斯市，他拿着自己的作品四处求职，经过一次又一次的碰壁之后，他终于在一家广告公司找到了一份工作。

然而，他只干了一个月就被辞退了，理由则是他们认为迪斯尼缺乏绘画能力。但是迪斯尼并没有因为他人的说法而改变自己的风格，他继续画着自己的画。

最终，迪斯尼和哥哥罗伊成立了属于自己的"迪斯尼兄弟公司"，他创造的米老鼠和唐老鸭几年后享誉全世界，并为迪斯尼赢得了27项奥斯卡金像奖，使他成为世界上获得该奖最多的人。

一个人能否成功，并不取决于别人怎样看待自己，而在于自己怎样看待自己。如果你相信自己的选择，并一直坚持下去，那么总有一天你会取得别人望尘莫及的成功。

在现实生活中，很多女性对自己的人生缺乏规划，只是盲目行动，结果影响了个人的发展。一个女性应该有一生的规划，一年的规划，一日的规划。

每件事有每件事的规划，然后按照规划行事，自然有所成就。仔细想想，你是不是该给自己的人生做个规划了，不能总是走一步看一步。从今天起，做个名副其实的"有计划的女性"吧！

做一个成功女性，最重要的就是做自己想做的，通过努力达到自己对生命的追求，体现自己的生命价值，而不是平平庸庸地过一生。

索菲亚是一名女军官，每次行军她总是走在队伍的后面。但在一次行军过程中，有的同级军官则取笑她说："你们看，索菲亚哪儿像个军官，倒像一个放牧的。"

索菲亚听后觉得很不好意思，她走到了队伍的中间，她的对手又讽刺她说："你们看，索菲亚哪儿像个军官，简直是个十足的胆小鬼，躲到队伍中间去了。"

索菲亚听后，想想觉得对方说得有道理，便又走到队伍的最前面。不料这时她的对手又说："你们瞧，索菲亚的级别并没有那么高，她就高傲地走在队伍的最前面，真不害臊！"

遭到对手三番五次的嘲讽，最后她才恍然大悟：如果做什么事情都受他人评价的影响。最终自己将连路都不会走了。从此以后，她不再理会别人的评价，而是自己想怎样走就怎样走。

很多女士过得不开心不是因为家庭不幸福，工作不顺心，周围环境太差等等，而是当她家庭不幸福，工作不顺心，环境恶劣时她却没有能力改变，只能忍受，委屈自己。

究其原因，真正痛苦的不是这些不幸而是面对不幸我们没有勇气改变，之所以没有勇气改变归根结底还是能力不足，我们主宰不了自己的命运。

女士们，伸出你的右手，握紧拳头，然后松开你的手，你的手掌上刻着一道深深命运线。是的，这道命运线就在我们的手掌里。

一如我们的命运就在自己的手心里，应该能被自己掌握的不是吗？从现在开始，让我们的生活有更多的支点，为自己找到更多的筹码，让自己能真正主宰自己的命运。

做一个不随波逐流的人

我在课堂上经常对学员们说:"有时候我们要冷静地问问自己,我们在追求什么?我们活着为了什么?坚持一项独立自主的原则,或不随便迁就一项普遍为大众所支持的原则,不是件容易的事。"

做一个不随波逐流的人,并愿意在受攻击的时候把信念坚持到底,这需要勇气。相信你也希望自己是与众不同的,而恰巧每个人都会有自己的独特,所以不妨好好规划一下自己。去挖掘你自身的独特闪光点吧。

索菲娅·罗兰是我非常喜欢的影星,自从影以来,她已经拍过60多部影片,曾获得1961年度奥斯卡最佳女演员奖。她的演技已经达到了炉火纯青的地步。

她16岁时来到罗马,追逐自己的演员梦。但她从一开始就听到了许多对她不利的意见。用她自己的话说,就是她个子太高,臀部太宽,鼻子太长,嘴太大,下巴太小,根本不像一般的电影演员,更不像一个意大利式的演员。

制片商卡洛看中了她,带她去试了许多次镜头,但摄影师们都抱怨无法把她拍得美艳动人,因为她的鼻子太长、臀部太"发达"。

卡洛于是对索菲娅说,如果你真想干这一行,就得把鼻子和臀部"整一整"。索菲娅可不是个没主见的人,她断然拒绝了卡洛的要求。

她说:"我为什么非要长得和别人一样呢?我喜欢我鼻子的形状。它使我与众不同、富有个性。至于我的臀部,那是我的一部分,我只想保持我现在的样子。"

她决心不靠外貌而是靠自己内在的气质和精湛的演技来取胜。她没有因为别人的议论而停下自己奋斗的脚步。她成功了，那些有关她"鼻子长，嘴巴大，臀部宽"等等的议论也都自生自灭了，这些体征反倒成了美女的标准。

索菲娅在20世纪行将结束时，被评为这个世纪"最美丽的女性"之一。她在自传中这样写道："自我开始从影起，我就出于自然的本能，知道什么样的化妆、发型、衣服和保健最适合我。我谁也不模仿。我从不去奴隶似的跟着时尚走。我只要求看上去就像我自己。"

女士们，向索菲亚学习吧，不断地发现自己，欣赏自己，找出最适合自己的风格，不随波逐流、人云亦云，你就是最美的那颗星。

我的朋友玛丽·玛格丽特第一次上电台表演，是试着模仿一位爱尔兰笑星，但是她失败了。一直到她表现出真正的自我，她才能在电台站稳脚跟，开创属于自己的一片新天地。

作为来自密苏里州乡下的纯真朴实的姑娘，玛丽·玛格丽特终于明白自己才是最有特色的那个人。她不需要模仿别人，勇敢地做自己才是最正确选择。最终她获得了纽约市最受欢迎的广播主持称号。

每个人都是独一无二的个体，如果你总是一味地站在别人的身后，去复制别人的生活，那么你还有什么别人没有的独特吗？你还有什么值得吸引他人的地方呢？

然而在现实生活中，很多女性觉得别人该怎么做，自己照做就绝对没有问题。看到这个女孩子穿的衣服很时尚，就立刻去买一件；看到那个女孩子的一些动作很有修养，也不管是否合适便照做。

女士们，如果你想要拥有自己的一片小天地或者想要维护好自己的事业，就必须认真捋顺自己，规划自己。当前面有个一米多深的水坑时，你会因为盲目地跟在别人身后，而看不到前面的状况，那么你只有随着他一起掉到坑里弄得狼狈不堪。

而如果你毅然地从他人的影子里跳出来，形成自己的思维，认真分析眼前的情况，你则会明智地选择绕道走。认真地问一下你自己，你真的要当一个被别人的思维控制的机器吗？

各位女士，你们每个人身上都有自己独特的闪光点。放开禁锢自己的枷锁，释放自己的思维，释放自己的身心，去展现自己的独特吧。

当你走在街道上，拥有自己的衣着风范，散发着个人独特的魅力时，迎接着来自四面八方羡慕的眼光。你的笑岂止是满足，更多的是自豪。

能听意见，也有主见

无数在事业上取得成功的人，他们往往都擅长征求和听取别人的意见。这是领袖人物身上普遍具有的一种特性。

善于征求别人意见以及掌握其使用的方法和技巧，是那些卓越人士最显著的特征之一。往往弱者才听不进别人的意见。

有人这样评价美国钢铁公司的总经理加利："他那种听取别人的意见及反对声音的能力，超乎常人。他愿意征求同仁的意见，愿意倾听每个人的声音。"

一位年轻女士在福特汽车公司上班，从事类似于书记员的工作。由于她自己本身有些能力，再加上公司对她的培养，她觉得自己完全可以独立行事了。

有一天晚上，公司要给各处的经理发许多通告，当时正好老板和经理都很忙，于是，这位女士也叫去帮着封信封。

"我懒得封，"她反抗道："公司叫我来不是让我封信封的。"于是她的直属上司说："很好，你如果觉得做这种事太卑微，请你另谋高就，我们用不起你。"

结果，这位女士头也不回地就走了，后来她试着在别的地方找工作，但是找了好几份都不理想，最后她只得厚着脸皮又回到福特公司。

她向上司承认了以前的错误，说那时候自己不清醒，太狂妄自大，并且说现在自己的脑子清醒多了。于是，她的上司把她留下了，现在的她已经成了一个事业成功的女性。

多听取别人的意见其实不是一件难事，有人给你指导你却充耳不闻，到头来后悔的只能是你自己。

在所有美国总统中，没有人比罗斯福更爱设法去听取别人的意见了。他为了让自己把问题看得更透彻，从来不怕相信人。他常常会就一件事情去找与之相关的人来慢慢商讨，有时候甚至不远千里召集一些人来征求意见。所以，女士们，我们要养成听取大多数人的意见，跟少数人商量，最后一个人做决定的习惯。如果你无视这一点，一意孤行，固执己见，忽视他人之言，一贯我行我素，结果只能使自己吃亏，他人受累。

这样做的结果也必定使旁人对你感到失望，认为你太独断专行，不把他们放在眼里，是个无为而多事的人，日后便会渐渐疏远你。

女士们，你们在遇事决策的时候，应该认真听取大多数人的意见，全方位多角度思考问题，这样你们才能做出正确的、有眼光的决策。

相反，如果你过于依赖别人，太容易接受一些虚假的话，也是一件危险的事情。这个时候就要求我们学会辨别真伪，在他人正确意见的基础上尊重自己的想法，有自己的主见，因为最终的决定权在你手里。

贝蒂出生在一个英国皇室之家，有着高贵的皇室血统。在童年时期，养成了过于依赖别人的习惯。她的家里有钱、有地位，不管任何事情，都有家人替她解决。

她说道："如果在年轻的时候我是一个反抗者，也许我会跑到海上去或者去魔鬼那里走一走，也许，我现在的情形就不会那么糟糕了。如果生性顽皮，或是能不顾一切听从自己的内心，就好了。"

现在的贝蒂已经按照家人的想法生活了几十年，她最后悔的就是年轻的时候不是一个有个性的人，不管是对待自己、对待别人都是循规蹈矩。

什么事情都依赖别人帮助你肯定比你自己解决要容易得多。自己应该承担的责任也要交给别人去承担，久而久之，你就会成为一个没有骨气、没有魄力、没有主见的人。

各位女士，你们应该检查一下你自己：当你是一个孩子的时候，是否完全依赖你的父母；在学校时，你的功课是否总是要依靠老师或同学帮忙；在办公室时，你是否总要把事情推给别人；在平时，你是否总不去抓住机会，表现自己独立行动的能力。

如果你确实是这样，那么你要做的就是尽早摆脱这种依赖性，培养自己的独立能力。

洛杉矶加州大学经济学家伊渥·韦奇曾说：即使你已有了主见，但如果有10个朋友看法和你相反，你就很难不动摇。这种现象就是韦奇定理。

人生中，我们要面临的选择很多，作为一个具有正常思维的人，谁都不会漠视他人对自己的评价。可是，当我们认准了目标，并决心要实现这个目标时，情况就发生变化了，这时候，我们最应该相信的就是自己。

不过，遇事有主见，那是要建立在对客观事物的正确认识和判断的基础之上的。

总之，我们要做到未听之时没成见，既听之后不可无主见。一旦选定了自己人生的目标，选定了想要的生活方式，坚持不懈，必定如愿以偿。

你想过什么样的日子

琳恩·威特女士在纽约第五大道朗豪坊酒店创办了"易职诊断处",她是一位人生的指导者。她给那些对自己工作不满意的人提出意见,供他们参考。

我和她曾经讨论过失业的问题,她对我说,这些人之所以对自己的工作不满意,是因为他们不知道自己真正需要什么,她要做的第一件事就是帮这些人找到内心的愿望和目标。

女士们,知道自己想要什么样的工作、什么样的生活至关重要,只有你有了一个明确的目标,你才会有努力的方向。无论前行的路上是插满鲜花还是荆棘密布,你都会充满动力,并且向着那个目标前进。

康嘉莉来自马萨诸塞州的乡下,但是她却和其他众多来自穷困地区的乡下孩子不同:她一直坚信自己会成为一名女强人,拥有属于自己的公司。

当时,康嘉莉在纽约找到的第一份工作,是在一家大型食品连锁店当零售店员。从一开始,她便对更多地了解业务状况表现出了极大的兴趣,她经常利用午餐时间主动到批发部门去帮忙。

她这样做虽然一时不能得到别人的感谢和额外的薪水,但是一旦有较好的工作岗位出现空缺时,店老板自然首先想到的就是康嘉莉。

没过多久,康嘉莉就渐渐爬了上来。她一步步地从零售员升为业务员,然后是部门主管、地区经理。

在此期间,她也免不了经历挫折和失败。后来,在那家公司服务多年之后,她感到自己的发展受限太多,因为总裁在公司里安排了太多的亲戚。

在她加入另一家公司之后,她发现那里晋升职务的根据是工作年限,她知道自己在这里终其一生都无法成为参与决策的高级职员。

在康嘉莉的心中,她从来没有忘记自己的既定目标。当她后来成为"桔子包装公司"的总裁后,她终于实现了自己的目标。再后来,她又创设了蓝月橘子公司。

"总有一天,我会拥有自己的公司。"在那间狭小而阴暗的公寓里,这个乡下孩子曾对同住的室友这么说。也许,那时候会有人说她是痴人说梦。但是她凭着自己坚定的信念,为自己立下了一个明确的努力方向,并以此来引导自己人生中的一切行动。

像康嘉莉一样,我们的人生应该有明确的目标,并且为实现这个目标而不懈地努力。如果一条船失去了方向,失去了前行的动力,那么任何风向对它来说,都是逆风。

著名的哥伦比亚大学教授狄恩·海伯特赫基斯曾说过:"混乱是产生忧郁的主要原因。"混乱不仅是忧郁的主要原因,而且还是成功路上的最大阻碍。

明确地知道自己想要什么,未来过什么样的生活,你所做的就是激励自己找到生命的重心,制定生活的目标,获得人生的成功。

许多人的一生中没有明确的目标,他们生活单调、醉生梦死,做一天和尚撞一天钟。相反,那些在人生中有明确目标的人,总是在警觉地等待着机会,一旦机会出现,他们紧紧地抓住它,获得很多收获。

如果要制订长远的计划,最好是把五年作为一个阶段,这样便于管理和实现。你可以这样来制订计划:琳达要在五年之内获得大学学位,准备着提升;她要在十年之内晋升为小主管等。

一位颇有智慧的女士说:"我和丈夫结婚五年了,他每年都有一个目标。首先,是他的学位,接着是进修课程,然后是一年的投稿工作,现在是他自己的事业。如果将来有一天,他告诉我他的钱够花了、所受的教育够用了、经验也足够了,我就会知道蜜月已经结束了。"

不仅知道自己想要什么样的生活,还督促身边的人和她一起努力,共同进步、共同成长,这样的女性怎么会不受男性的喜爱呢?她成就的不仅仅是自己。

女士们,无论你做什么,只要牢牢记住自己最终的目的,就会获得无穷的动力向前进。人生的意义,就在于不断地追求新的目标,向着你想要的日子出发吧!

第四章 孤独时,学会自我欣赏

你不完美？那有什么关系

一次，我的培训班上来了一位女士，名叫苏姗。苏姗拥有漂亮的外表、迷人的气质以及一份令人羡慕的工作。

我真的不明白她为什么要来参加我的培训课，在我看来她根本不应该来，因为她报的课程是"如何抗拒忧虑"。

当我问她原因时，苏姗苦恼地和我说："卡耐基先生，也许我在外人眼里真的应该是最快乐的女性，可实际上我也有自己的痛苦。"

苏姗承认自己确实有漂亮的外表，但是她苦恼于自己的头发是黑色的，而不是金黄色的。如果有一头漂亮的金黄色头发的话，那么她会更加魅力四射。

说到工作，她似乎更加苦恼。虽然她已经做得很不错了，但很多地方还有遗憾。如果不是发生某些变故的话，她说自己现在应该已经做到经理的位置上了。

她说自己在很多事情上都留下来遗憾。同时她也被这些遗憾所困扰，没有一天过得快乐。"上帝啊，难道就不能让我变得更完美一些吗？"苏姗很痛苦地说道。

我称苏姗的苦恼为"完美主义综合征"。我对苏姗说："苏姗，你为什么要如此折磨自己呢？"

的确，在生活中我们总是会遇到很多不完美的事情，而且不管我们怎么努力都不能弥补这些缺憾。虽然我们不能保证事事完美，但是却可以选择跳出不完美的心境，不让自己沉浸在不完美中哀叹。

我认真地看着苏姗："相信我，苏姗，只有不让自己沉浸在不完美的苦恼中，你才能变成一个真正意义上幸福、快乐的女士。"

之后，苏姗就没有来上课，不久后，她打电话给我："谢谢你，卡耐基先生，是你让我重新找回了快乐、幸福。"

苏姗对我说："如果没有您的一番话，相信我现在依然沉浸在缺憾的痛苦之中。现在，我终于明白了，追求完美其实就是在不断地折磨自己。"

女士们，如果你们尽了最大的努力，如果你们费了很多心思，但却始终还是不能达到预期的目标的话，那么你们就不妨选择放弃，不完美又怎样呢？

也许放弃是另一种高明的方法。你可以让自己的心静下来，不去想那件已经失败了或是不完美的事情，这样你就可以集中精神去思考下一步该如何做了。

如果女士们对于整件事的每一个过程都要求完美，那么就很容易让你感到事事都不顺。

女士们，承认自己能力有局限，承认世界不完美，承认世界上没有完美的人……不是被动地接受，而是相信，即使有所欠缺，依然可贵，即使最令人讨厌的"失败"本身，也常常蕴含着成功的能量。

积极地承认自身的不完美，不会让一个完美主义者变得消沉，反而是更清楚地读懂自己，将时间与能量花在那些真正值得做、能做好的事情上。

有些女士却对我说："卡耐基先生，我们没有漂亮的外表、迷人的气质，更没有一份令人羡慕的工作。对于我们来说，几乎没有一件事可以让我们感到骄傲、自豪。我们怎么可能拥有自信？"

我可以用一个真实的故事来回答你们。一位体型微胖、相貌平平的家庭主妇和你们一样，就是这么问我的。

她来找我咨询，我并没有直接回答她的问题，而是反问道："您有孩子了吗？"

妇人有些吃惊地说："当然，而且还有三个。"

我点了点头，继续问："那您家里每个月的开销够吗？孩子们的学习成绩都怎么样？你丈夫对你怎么样？"

妇人想了想，说："这个……我丈夫虽然是个小职员，但是他每月挣的钱也足够我们一家人生活。我的三个孩子都很懂事，学习成绩也都非常棒。"

虽然他们结婚已经有十几年了，但她的丈夫还是像以前那样爱她。我笑了笑，说：

"既然这样,还有什么不满足的?"

那位妇人恍然大悟,对我说:"谢谢你,卡耐基先生,您说得没错,我应该感到幸福和快乐。"

这位主妇被"不完美"折磨过,但幸运的是这种折磨仅限于她自己。可是,有些人却把对完美的追求强加在了别人身上,这种做法更是害人害己。

追求完美的女士常常会因为始终达不到自己的目标而感到失望,从而形成一种恶性循环。

在这种可怕的循环的作用下,她们变得意志消沉、情绪焦躁,根本没有勇气再去面对生活中那些不完美的缺憾。

因此,对于那些追求完美的女士来说,培养一种"不完美主义"就显得极为重要。

瑞查德·凯尔森在他的书《别再为小事抓狂:小事永远只是小事》里提出的100则让人生更美好的妙招,其中第二招就是"跟不完美和解"。

有时候,不完美何尝又不是另一种的完美。学会接受不完美的自己,是一种体会,是一种修炼。我们何不学着与自己的不完美和解?

不要让自己的心灵太疲惫

不要让自己过得太疲惫,这是一种心态。如果我们每个人都学会了调整自己的心态,我们一定会过得很幸福。

我访问过著名的女明星曼尔奥伯朗。她也谈到了这个问题。她说:"当我准备涉足影坛的时候,内心充满了恐慌。那时候我刚刚来到伦敦,一个认识的人也没有。我去几家电影公司找工作,可是没有一家公司肯录用我。"曼尔奥伯朗的心中充满了忧虑,难过极了,也疲惫极了。她告诉自己说:"你是一个傻瓜,你除了有一张漂亮的脸蛋外,什么都没有。你永远也进不了影视界。你就是一个失败者。"

直到有一天照镜子,她发现自己的脸上竟然多了一些皱纹,她在镜子里看到了一张愁眉不展的脸。曼尔奥伯朗突然间醒悟:"我不能再忧虑下去了,我最大的资本就是拥有这张漂亮的脸蛋了,而我心中的忧虑迟早会毁了它。"

忧虑可以让你愁眉不展,也可以毁掉你的心情,从而使你的容颜老去。而且忧虑对一个个人的心灵也会产生消极的影响。

我曾经拜访过很多美国商人。他们成功的经验中有一条非常值得我们借鉴。那就是,他们面对许多无法避免的事实,都能坦然接受,并且能够开心快乐地面对生活。反之,他们就会被生活中的压力打倒,无法喘息。

亨利·福特也曾对我说过类似的话:"对于那些我没办法处理的事,我就让它们自己解决。"

克莱斯勒公司的总经理凯勒避免忧虑的方法也是这样的。他说:"要是有棘手的事情发生，只要我能想到办法，我肯定会努力解决。要是解决不了，那我干脆什么都不做。我从不会对未来担心，谁也不知道将来会有什么情况发生。"

既然未来充满许多种可能性，谁也没法说清楚这些影响未来的因素藏在哪儿。那么忧虑又有什么用呢？各位女士，我们每个人都希望自己能够健康快乐地度过每一天。可是前提是，我们要去除忧虑，不要让自己充满疲惫。

阿里西斯·可瑞尔博士曾经说过："在现代都市的混乱中，只有那些能够维持内心宁静的人，才不会变成精神病。"他还说："那些不知道怎样抵抗忧虑的人，都会短命而死。"

一天，我和一位患忧虑症的朋友一同去费城。在那里，我们拜访了专治忧虑症的专家。在他的诊所里，挂着一块大木牌，上面这样写道：

轻松和享受
睡眠、音乐、欢笑以及你的信仰，
是最能够让你轻松愉快的。
你要学着好好睡觉，
喜欢好听的音乐，
并享受自己的生活。
这样健康和快乐才会属于你。

这位医生告诉我的朋友，如果再这样忧虑下去，他很可能会患上糖尿病、胃溃疡以及其他的病症。他告诉我们："不要让自己太累，要学会适当的放松和减压，否则会患上很多的疾病。"

艾尔西·迈克密曾在《读者文摘》里说："我们不再为那些无法改变的事情烦恼，我们的精力就可以用来创造更丰富多彩的生活。"

我们的感情和精力都是有限的，没有办法同时做很多事情。我们要学会调整自己，避免那些不必要的麻烦和压力，适当给心灵放个假，轻轻松松、快快乐乐地生活。

自我安慰和鼓励很重要的

很多孩子包括大人，做错了事或遇到了困难曲折，就会自暴自弃或灰心懒意，失去了继续努力和坚持下来的决心和勇气，轻易放弃了原本可以成功的事。

这是由于他们没有养成自我鼓励和自我安慰的好习惯。

我的一位朋友艾瑞克是非常令我敬佩的一个人。他在一场车祸中失去了一条腿，当朋友们来看望他，都为他的遭遇而难过时，他却笑了。

朋友们都以为受到车祸刺激，他的精神也不正常了呢。朋友们纷纷问道："艾瑞克，出什么事了？为什么笑啊？"

"当我醒来后得知自己只是失去了一条腿，就安慰自己说：'这没什么啊，你只是失去了一条腿，而不是整个生命。'所以，我现在有足够的理由笑啊，你们也别为我难过了。"

可是过段日子，艾瑞克便接到了下岗通知书。因为少了一条腿，他已经无法再继续工作了。

朋友们得到这个不幸的消息后，准备了一大堆安慰他的话，准备在看望他时，好好安慰一番。

然而，令朋友感到惊讶的是，艾瑞克正平静地坐在轮椅上，把下岗通知书折成了纸飞机，丢着玩。当看到纸飞机随风飘荡的时候，艾瑞克像个孩子似的开怀大笑。

"你不难过吗？"朋友们问他，那可是下岗通知书啊。

"既然下岗已经成了无法改变的事实，难过又有什么用呢？与其难过，我还不如安慰自己，还好只是失去了工作，而不是失去再创业的勇气。我没有理由难过！"

后来，艾瑞克的妻子因为受不了打击，抛弃他，和别人私奔了。

朋友们知道，都非常为他担心，心想这一次他肯定会非常消沉的，心中想着该如何安慰他。

当朋友见到艾瑞克时，他一个人坐在空荡荡的家中，哼着小曲，按摩着自己还未痊愈的腿。

"你是不是真的疯了？怎么还有心情唱歌？"朋友们大喊。

"为什么不唱？她只是背叛了我，而不是背叛了整个国家，我没有理由不开心啊！"

也许你们会觉得艾瑞克的行为太不可思议了，但是我们仔细想想，他才是一个真正懂得生活的人。

每当遇到不开心的事情，他都会安慰自己：这没什么的。他知道调整自己的心情，是一个真正聪明的人啊！

保持一份好心情，就需要我们拥有一颗平常心，需要我们坦然地面对生活，不以物喜，不以己悲。

每个人的成长道路都不是一帆风顺的，我们难免会遇到困难和挫折。与困难做斗争不仅磨砺了我们的人生，也为我们在日后的竞争中积累了经验。

卢梭说："一切伟大成就的取得，莫不有益于那所叫'逆境'的学校。"

很多女性在经受过挫折、磨难的打击后而变得意志消沉。总认为自己是孤独的、寂寞的。而这时，她确实也是孤单的，因为没有谁会来关注一个精神萎靡的人，更没有谁会耗费时间和精力为一个不自信的人鼓掌。

但别忘了，你也有双手，伸出来可以为人鼓掌，更可为自己加油。

萨琳娜大学四年很快要结束了，最后一个圣诞夜，为了欢庆本次毕业生即将离去，学校准备举行一次特别的晚会，要求每个班级都出一半的人来进行表演，而萨琳娜也是其中之一。

那个夜晚天空闪烁着璀璨的明星，像是上帝特许今天的夜晚一定要非常的美丽。萨琳娜看着台上精彩的演出以及台下同学兴奋的尖叫声，紧张极了，比尔德老师拍了拍她的肩膀，示意她不要太紧张。

然而，萨琳娜眼看着表演一节一节地结束，她的拳头攥得更紧了。寒冷的天气，她的额头却浸满了汗水。

终于到她表演了，萨琳娜战战兢兢地上了舞台，这是她渴望已久的舞台，渴望挥洒被万众瞩目的骄傲，然而现在她却怕得双腿直颤。

星光依旧灿烂，舞台靓丽而光芒四射。萨琳娜感觉出自己的渺小。她颤巍巍地唱着，然而到了高潮部分，却忘记了歌词，萨琳娜呆呆地站在台上，大脑中一片空白，台下出现了骚动，难听讽刺的议论声不断敲击着她的耳膜。

萨琳娜害怕极了，她哭着跑下了舞台，然而后台的同学和老师都同情地看着她，她实在待不下去了，哭着跑了出去。

回到家中，萨琳娜的父亲看到女儿狼狈不堪的模样，关切地询问出了什么事情，萨琳娜将自己的丑态告诉了父亲，而她父亲将萨琳娜拉到身边，亲切地问她："我可爱的小公主，你先告诉父亲，你努力了吗？"

萨琳娜说她尽了最大的努力展现自己，然而她登上舞台的时候，大脑却一片空白。

她的父亲慈爱地看着萨琳娜，告诉她："亲爱的宝贝儿，既然你努力了，不管结果如何，即便没有一个人肯为你鼓掌，你也应该为自己鼓掌，因为你曾为了去歌唱而付出辛劳。"

父亲的话让萨琳娜恢复了自信，不再计较那次表演的失败。因为她学会了在面对任何事情或者挑战的时候，都要先为自己鼓掌。

萨琳娜懂得：为自己鼓掌不需要什么理由，也不需要什么条件，只要问心无愧或在人生道路中有了新的认识，就可以尽情地为自己鼓掌。

当你感到忧伤和烦恼的时候，就到森林里走一圈，去领略大自然的新鲜气息，或者可以花一点时间去观察身边的每一棵树、每一朵花、每一个有生命的东西。

此时，你就会从中找到安慰和鼓励，它们可以使心情变好，能够把忧伤化为一种力量。

孤独时自我欣赏

雨果曾经说过："孤独是一笔财富。"自古以来，伟大的人都享受着属于自己的孤独财富，孤独的人往往很伤感，而正因为有了伤感才让他们变得更加坚韧和真诚。

我们每个人现在所享受到的人类的精神财富都是孤独的硕果，如果你不想随波逐流，流俗于茫茫人海中，就应该保持你的个性跟自我，享受属于你自己的孤独，享受孤独的人才能享受成功。

我认识一个名叫海伦的女孩，在绘画方面有着超乎常人的天赋，但她从来没有离开过自己的家门。

她既没有坎坷艰难的学艺之路，也没有不分昼夜地辛苦作画，而是按照自己的想法去作画。她是在画板上出生长大的。

海伦执起画笔在画板上那么一画，就注定了她会成为世人瞩目的绘画大师，年纪轻轻的她便拥有了令很多人艳羡的名望和荣耀，很多人都慕名前来求画。

海伦总是喜欢在无人的夜晚里，开着昏暗的灯光，任凭自己的思绪在画板上勾勒出美妙的图画，哪怕是画好的画随风飘扬，都不能停止她忘情地挥毫。

每次画好之后，她总是喜欢一个人孤独地站在窗口，呆呆地望着远处。她在寂寞的夜里显得那样的安静却又忧伤。

我想这也许是她最真实的存在吧，对于她自己生存的世界，孤独也许才是她精神世界里的最真实的代号。

她的母亲想让她去看看外面的世界，她也曾经试图劝说自己到人群中看一看，但是当她真的走出家门的时候，满眼竟都是自己不熟悉的房屋建筑和陌生的人群。

海伦说："外面的世界对我来说是一个太大的屋子，有太多的风景，太绚烂的色彩，太多的灵感。如果让我离开这间屋子，那我宁可舍去自己的生命，因为我觉得我从来没有为任何人存在过。"

她的确是一个天才，却也只适合生活在天才的这个世界里，所以在我们看来她绝对是一个异类。

尽管人们无比欣赏她那出神入化的画技，但在华灯初下之时，孤独伫立的却只有她一人。纵然我们想走近她，和她交流一下，也会发现永远都无法走进她的世界。

在生活中，你也会发现，当我们非常专注一件事情的时候，我们就会沉浸在那个世界里，纵然外面有太多的诱惑，也无法打动我们。

享受孤独并不是我们每个人都能做到的，它需要一种勇敢的信念来支撑，如果你坚持到了最后，那你就是成功的，因为你是在自己缔造的幸福里徜徉。

奥丽芙女士是营销界的专家。在她准备回家颐养天年的时候，她把毕生的经验做一次演讲告知世人。很多人都慕名而来，把演讲大厅围得水泄不通。

奥丽芙女士说："在我二十几年的营销生涯中，只有我自己知道，营销之路是一条充满孤独的路。在现实生活中人们只会关注那些成功的人。殊不知他们光鲜亮丽的背后，有多少不为人知的苦难，付出多少的艰辛？"

奥丽芙女士一开始并不是做营销的。她之前在火车上做列车员，她的亲戚朋友都羡慕她有一个好工作，可以想去哪就去哪儿。可是奥丽芙女士并不喜欢这份工作，于是她不顾家人的反对，辞掉了这份工作。

"有一年夏天，我独自一人出去旅行，每天形单影只，看着路边闪烁着温暖的灯光，却没有一盏是为我而亮。那种强烈的孤独感，让我喘不过气来，"奥丽芙女士说，没有经历过的人是体会不到的。

她说："有时候我会想，这么一片广阔的天地，怎么就没有我的容身之处呢，面对这茫茫的大千世界，我是那么的微不足道。"

于是，奥丽芙女士痛下决心，一定要做一番成绩来证明自己。这样她才能超越那种孤独落寞，超越平凡，至少让自己看起来不那么渺小。

等到她的慷慨激昂的演讲结束时，台下爆发出热烈的掌声。每个人都开始思索奥丽芙女士的话。

我们细想一下，生活何尝不是这样呢？康德在他生前从来不被人们所理解，后来却成为德国伟大的哲学家。哪一位先驱者没有经历过孤独的磨砺呢？一个人如果想让自己的理想变成现实，享受孤独是必不可少的旅程。

多数的思考者都喜欢孤独，因为只有在这种情境下，人的思想和心境都处于一种最开阔、最自由的状态，不用想自己所想以外的任何事情，更不用顾及其他人的看法和言论。

只有在孤独的状态下，你才能在你的精神世界里自由翱翔。

我想说，孤独并不代表空虚寂寞，无以聊赖，而是我们在最自然状态下的一种精神的表达，享受孤独带给你的真实体会，只有在这个时候你才能很认真地倾听到自己的心声。

你需要在你迷茫的时候让自己静下来静静地思考，思考你需要的是一种什么样的幸福。

学会享受孤独吧，往往最孤独的心灵，反而能感受到最炽烈的爱，一颗平庸的心灵并没有什么值得让别人理解的内涵，因而他也不会感受到真正的孤独。

相反，如果一个人对人生有自己独特的见解，也许他会感到孤独，但他也是成功的。

保持本色，每个女人都与众不同

每个内心强大的女人，一定要保持自己的本色，无论你的能力多么有限，无论你的错误有多少，你一定不要成为别人的影子或者复制品。

多年前，我去一个培训班上课，杜尔曼休斯太太是那个培训班的学员。有一天课后，她找我聊天，给我讲述了她的故事。杜尔曼休斯太太说她曾经痛苦地生活了很多年。在她还是孩子的时候，有点偏胖，面容平凡，是一位在人群中很容易被忽视的存在，而她的母亲则是一个很固执的人。她的母亲总认为女人没有必要穿漂亮的衣服，并不断地告诉杜尔曼休斯，越是宽大的衣服穿着才会舒服，那些瘦到包身的衣服只会让人出尽洋相。她也是按照这样的想法来为她添置衣服的。

因此，杜尔曼休斯很少去参加宴会。上学时，她从不跟其他的孩子参加室外活动，也很讨厌上体育课。因为她感到害羞，她认为自己不漂亮，肯定不会成为一个受欢迎的人。等她长大后，嫁给了一个比她大很多的男人，而她的丈夫和婆婆都是善良又自信的人，正是杜尔曼休斯喜欢并且想要成为的那种人。

杜尔曼休斯非常希望自己可以融入这个大家庭中，可怎么努力却也做不到。为了让她变得开朗，她的丈夫和婆婆也都积极努力地帮助她，但她总是感觉非常吃力。很多时候，她的开心都是伪装出来的，结果很不得体。杜尔曼休斯害怕丈夫看到她的伪装，害怕他因此不再爱她，甚至害怕有一天自己会被驱逐出这个家庭。

杜尔曼休斯开始逃避，对朋友躲躲闪闪，甚至听到门铃声她都会害怕地躲到房间里。她像以前一样缩在自己的角落里，郁郁寡欢。

直到，有一天她和婆婆聊天。那天杜尔曼休斯与她的婆婆坐在摇椅上谈起了人生，当她的婆婆说到如何做一个让人喜欢的自由人时，说了这样一句话："无论怎样，都要保持自己的本色。"那一刹那间，杜尔曼休斯醒悟了，她总是在强迫自己去适应一个并不适应自己的模式，反而不记得真实的自己到底是怎样的。

从那天起，杜尔曼休斯开始恢复自己，研究自己的个性，去发现自身的优点以及特色。她开始研究服饰及颜色的搭配，穿适合自己的衣服，主动去交朋友，参加各类集体活动。当杜尔曼休斯越来越像自己，她放松了很多，也自信了许多。

詹姆斯·高登·季尔基博士曾经说过："保持自己的本色这个问题，和人类历史一样的古老，也像人生一样的普遍。"这句话是非常有道理的，每一个女人都不必苛求和盲目地学习别人而改变自己，这样才能变得成熟，收获更多的快乐。

我想告诉女性朋友们的是：当上帝在关上一扇门的同时，一定会为你打开一扇窗子。女人不必为了平庸或者丑陋或者适应环境而强迫着去改变自己。

说到坚持个性这个话题，我也深有体会，因为我有切实的经历。当时，我刚从密苏里州的玉米田来到纽约，想要报考美国戏剧学院，我非常渴望成为一名演员。我觉得，当一名演员是一条多么理想的成功捷径，别人想不到的，我想到了。我为自己的眼光和远见沾沾自喜。我决定仔细研究当时的几位当红演员，将他们的优点集于我一身，这是多么明智的决定啊！

其实后来想想，这简直太傻了。因为我浪费了好几年时间去模仿别人，最后才发现我学的任何人都不像。这段经历按说应该让我回心转意，去找回自我吧。但没有，几年后，我又重蹈覆辙，我真是够蠢的。

事情的起因是我要写一本有关公开演讲的商业书，我又产生了参照别人的愚蠢念头。

我花了一年时间把同类的书看了一遍，吸取其中我认为优秀的理念和观点，编纂成了一本我自己的书。最后，我发现把别人的思想改编成自己的文章，反而使得自己的文章枯燥而平淡无奇。结果是当然没有书商对此感兴趣。我把这一年的努力都扔进了垃圾桶，决定重整旗鼓，写自己内心所想的。

这一次，我告诉自己："你就是戴尔·卡耐基，凭自己有限的智力来创造吧！别人你是做不了的。"我放弃了整合他人思想的念头，开始凭自己的能力、亲历的经验及细致的观察去写这本关于演讲的书。希望这一次我能像英国牛津大学的文学系教授沃特爵士说的那样："我写不出莎士比亚风格的书，但是我可以写出自己的书。"

从来没有人可以靠单纯地模仿别人而成功，卓别林开始演电影时，导演让他模仿当时的著名笑星，结果他毫无发展，直到他开始坚持自己的个性，才渐渐成名。

在这个世界上，每个人都是与众不同的个体，每一个女人也是，那我们就为此庆幸吧！

著名的诗人道格拉斯·马罗屈曾写过一首诗：

> 如果你不能长成山顶上的大树，
> 那么就做山谷边的一棵小树，
> 不过，你必须长成谷边那棵最好的小树。
> 如果你不能成为一棵小树，
> 那么就做一丛灌木。
> 如果你做不成灌木，
> 那么就做一片绿草，
> 给道路增添几分景致。
> ……

无论如何，你都应该善待你的天赋，用心经营属于自己的小花园。

放过自己，就是得到安宁

人生就像走路，背负的东西越多，走起来就越累，只有学会放下，才会轻松前行。

南北战争时，各方的斗争十分激烈，林肯总统的几位朋友曾经攻击过林肯的一些敌人，林肯却说："你们对恩怨比我敏感，也许是我这方面太迟钝了吧！可是，我一向认为这很不值得。一个人实在没有必要把他半辈子的时间都花在争吵上。如果那些人不再攻击我，我也就不再记他们的仇了。"

我真希望我的伊迪斯姑妈也有林肯总统的这种宽恕精神。

姑妈和法兰克姑父住在一个租来的农庄上。可是农场的土质很差，不方便灌溉，收成也不好。所以他们的经济有些困难，每天省吃俭用地生活。

伊迪斯姑妈喜欢买一些小饰品来装饰屋子，所以她经常去一家小杂货铺赊账。法兰克姑父知道后，私下和杂货店老板说，不要再赊东西给妻子。

最后伊迪斯姑妈知道这件事后大发雷霆。50年过去了，她一直对这件事念念不忘。

我曾经不止一次听她唠叨这件事。我最后一次见她时，她已经快80岁了，可是她还没忘记这件事。

我对她说："伊迪斯姑妈，法兰克姑父当初这样做确实不对。可是你已经唠叨了半个世纪了，你不觉得这是一件更糟的事吗？"

伊迪斯姑妈为了这件小事耿耿于怀了半个世纪，从那之后她就没有过过安宁日子。

放过了别人才能放过自己。你有没有过这样的经历？回想不肯放下原谅的那些夜晚，每晚都失眠痛哭，伤心欲绝，向人诉说受到的不公待遇。

但是，决定原谅后，失眠渐渐少了，心灵得到安宁和净化，所以我们就让痛苦随风去吧，选择原谅才会心安。

托尔斯泰和他的妻子感情不好，经常吵到不可开交。而托尔斯泰的妻子天生嫉妒心很强，常常窥探他的行踪。

他的妻子甚至连自己亲生的儿女都嫉妒，曾经用枪把女儿的照片打了一个洞。她还拿着鸦片威胁说要自杀，吓得她的孩子们躲在房间的角落里哇哇大哭。

托尔斯泰生气情有可原。可是他做的事情和他的妻子相比，有过之无不及。他把不满记在日记中，在日记里，他努力让别人同情他，把所有错都归结到妻子身上。

然而他妻子是怎么对付他的呢？她当然是把他的日记撕掉、烧掉。她自己也记了一本日记，把错都推到托尔斯泰身上。

她甚至还写了一本小说叫《谁之错》，在小说里，她把托尔斯泰描写成一个破坏家庭的人，而她自己则是一个无辜的牺牲品。

结果，他们把唯一的家，变成了托尔斯泰所说的"一座疯人院"。这两个人互相折磨了50年。他们两个没有一个人主动说"不要再吵了，我们是在浪费生命，让我们现在就说'停止'吧"。

只是因为他们两个人都不懂得，放过自己，才能得到安宁。不错，我十分相信这是获得内心平静的秘诀之一。

人生苦短，想想我们每个人最后都是要归于尘土，你还要计较那么多吗？在欣赏你的人群中散步，原谅一切，放过自己。

学会喜欢自己

斯迈利·布兰顿医师在一本书中写道:"适当程度的'自爱'对每一个正常人来说,是很健康的表现。为了从事工作或达到某种目标,适度关心自己是绝对必要的。"

要想活得健康、成熟,"喜欢你自己"是必要条件之一。但这是表示"充满私欲"的自我满足吗?并不是。

这应该是意味着"自我接受"——一种清醒的、实际的自我接受,并伴以自重和人性的尊严。

我班上有一位女学员,她在班上说:"我总是感到胆怯和自卑。别人好像都很沉着、自信。可我却不行,一想到自己的缺点就更加不自信,于是连话都不敢说了。"

每个人都有自己的缺点,但问题的关键不在于你有多少缺点,而在于你有多少优点。

决定一件艺术品和一个人的最终因素不是缺点。莎士比亚的作品中充满了历史和地理的基本常识错误,狄更斯则尽力在小说中渲染伤感的气氛。但是谁会计较呢?

缺点并不妨碍他们成为一流的文学大师,因为优点才是最终的决定因素。我们在交朋友的时候也会感到对方缺点的存在,但是我们喜欢和他们交往是因为我们喜欢他们身上的优点。

我们逐渐完善和成长的过程依赖于对自我优点的发挥,取长补短,而不是整天惦记着自己的缺点。

要学会喜欢和接受自己,首先必须挖掘自己对缺点的包容之心。

包容不代表我们要降低对自己的要求，而是明白人无完人。对别人求全责备是不公平的，要求自己处处完美则是一种极端的自我本位。

我认识的一个女性是个绝对的完美主义者。她要求自己做什么事情都不能出现差错，一定要做到最好。但在别人眼里，她就是一个失败的人。

她没有任何准备，就绝不接待临时到访的客人。她绞尽脑汁地追求完美，却只是做到了一种形式意义上的完美，而毁掉了生活中的理解、自然和乐趣。

其实，她所追求的完美并非完美本身，她是想超越别人，因为她不想自己在优点方面和别人处在同一水平线上。

她想成为人群中的焦点，所以她做事并不是出于发挥自己已有的才能。她并不能享受工作和生活的欢乐，只是为了超过别人，显示自己的完美和优越感。这恰恰是一种强烈的自卑。

如果有一件事情不成功，她就会变得讨厌自己，甚至憎恨自己。

人不能时时刻刻都处在特别紧张认真的状态中，学着喜欢自己的前提之一，就是能偶尔放慢行进的脚步欣赏自己。

独处能使我们发现内在的休息港口，能有参详的对象，能使我们更加客观地透视自己的生命。独处能让我们与自己的灵魂对话，发现自己，了解自己，喜欢自己。

假如我们要依赖别人才能得到快乐与满足，则无疑为他人增添负担，并影响到彼此之间的关系。

要学会喜欢、尊重、欣赏我们自己，这不但能培养出健康成熟的个性，也能增进与他人相处的能力。

每个人生下来，环境不同，机遇不同。高低胖瘦，富贵贫穷，形形色色，林林总总，有时根本无法选择。

我们不能一切都是最好的，但也绝不是最坏的，不接受自己，喜欢自己，又如何面对这残酷的世界和某些稍纵即逝的美丽？

因为只有自己喜欢自己，才能让爱的人更爱你，也才能配得上生活随时随地给予的惊和喜，苦和蜜。

全美国医院里的病床，有半数以上是被情绪或精神出了问题的人所占据。据报道，这些患者都不喜欢自己，都不能与自己和谐地相处下去。

人应该调整自己去适应环境,然而却很少有人有勇气能够特立独行或直面真实的处境。我们在行动之前就被社会文化和经济观念限制住了。

从吃饭、穿着到生活方式和观念,我们和邻居如此相似。一旦我们某个不一样的行为与这种环境相异时,我们就会变得精神紧张或神经过敏,甚至于厌恶自己。

厌恶自己只会让你越来越讨厌自己,与自己渐行渐远。而喜欢自己,不仅会让你越来越自信,做事越来越成熟,生活也会越来越幸福。

所以,我们要学会喜欢自己,要学会发现自己的优点,要学着活出自我。你就是世界上独一无二的自己,你有着自己独特而魅力十足的风采。

对自己的外貌有自信

美貌可以使女人骄傲一时，自信却可以让女人魅力一生。自信能使一副平庸的面孔变得光彩照人，相反，如果女人缺乏自信，再漂亮的脸蛋也会让人觉得缺乏生气。

一次，我的一位结婚已经35年的朋友对我说："我丈夫从来没见过我不化妆的样子。每天，我都把闹钟的闹铃定在清晨4点，这样，当他睁开眼睛时，我已经打扮好了。"

生活中，确实有许多女人对自己的外貌、体重、头发、皮肤和模样等有着不切实际的主观期望。我想，女人们是不是应该放弃这种幻想？

要知道，人只有在最有自信的时候才是最美丽的，这个道理人人都懂，却又经常被忽略。当然这也并不是说，即便我们邋里邋遢的时候也认为自己是美女。

任何女士，不管长得是否漂亮，也不管身材是否好，都不应该总是盯着自己的缺点看，不去欣赏自己的优点。实际上，无论是普通人还是在某个领域特别成功的人，在她们身上以及她们的成就上都是存在缺点的。

在生活中，很多女士总是习惯盯着自己的不足，这样就会形成惯性思维，认为自己有缺点，天生不如别人，这也不行那也不行，久而久之就会失去自信，沉浸在烦恼中无法自拔。这样不但不能弥补缺陷，反而会增加自己的烦恼。

人之所以能，是因为相信能。我经常提醒自己的一句箴言就是"我想赢，我一定能赢"，结果我又赢了。人一定要给自己积极的暗示，永远不要怀疑自己，无论做什么事情都要相信自己，自信的女人是最美丽的。

我的学员有一位名叫米切尔的姑娘，她有一个非常伟大却又平凡的理想，就是找一位帅气的白马王子结婚，然后，恩恩爱爱，白头偕老。可就是这个简单的理想对米切尔来说都很难实现。

一年一年过去了，可怜的米切尔一直没有等来他的白马王子。她最终也熬成了"大龄女青年"。于是，她整天自怨自艾，认为上帝对她不公平，认定自己的梦想永远不可能实现了。

米切尔的父母亲看到女儿变成这个样子，心里难过极了，于是想办法给她联系了一位著名的心理学家，希望米切尔能在心理学家的帮助下走出困境。

在家人的帮助下，米切尔找到了这位心理学家。第一次见面心理学家对米切尔印象深刻，她那凄怨的眼神，苍白、憔悴的面孔，握手的时候，她那冰凉的手指，都在向心理学家表明：我是绝望了的人。

经过交谈了解后，心理学家沉思良久，然后说道："米切尔，我想请你帮我一个忙，我真的很需要你的帮忙，可以吗？"

米切尔很奇怪心理学家怎么会提出这样一个奇怪的要求，但还是将信将疑地同意了。

心理学家说："是这样的，我家要在星期二开个晚会，但我妻子一个人忙不过来，你来帮我招呼客人。明天一早，你先去买一套新衣服，不过你不要自己挑，你只问店员，按她的主意买；然后去做个发型，同样，按理发师的意见办。听好心人的意见是有益的。"

接着，心理学家又说："到我家来的客人很多，但互相认识的人不多，你要帮我主动去招呼客人，说是代表我欢迎他们，要注意帮助他们，特别是显得孤单的人。"

星期二一到，米切尔就早早地来到了晚会上，重新打扮了的米切尔焕然一新，发式适宜，衣衫得体，简直跟换了一个人一样。

按照心理学家的要求，她尽职尽力，只想着帮助别人。她眼神活泼，笑容可掬，完全忘掉了自己心事，焕发出女人迷人的光彩，成了晚会上最受欢迎的女人。

晚会结束后，有3个男青年都提出要送她回家。

几个月过去了，心理学家接到了一张结婚请柬，是米切尔发来的，原来那个晚会后，3个男青年都被米切尔的迷人光彩所倾倒，热烈地追求着米切尔，她最终答应了其中一位男子的求婚。

其实,一个女人最悲哀的时候,不是失去爱情或身材不好、脸蛋不漂亮,而是你失去自信的日子。

年轻、爱情、婚姻、外貌都不是女人仅有的本钱,只有自信才是女人一生永不贬值的资本,只有自信的女人才是最具魅力的。

不认命，用努力成就自己

我十分欣赏开出租车的玛姬女士。玛姬女士是个多才多艺的奇人。她聪明伶俐，又热心助人，既懂得倾听又善于说话。

有一次，我们谈起一个话题，是关于那些身处困境却仍然对这个世界做出了伟大贡献的人。其间，玛姬问："你听说过纳森尼尔·鲍迪奇吗？"我反问他："鲍迪奇是不是那个精通航海术的人？"

"对，就是他！"玛姬说道，"纳森尼尔·鲍迪奇活到65岁，他出生于1773年，从10岁起，他就开始自学拉丁文，并研究牛顿的数学原理。到21岁时，鲍迪奇已经是一位非常出色的数学家了。"

玛姬的眼睛里闪烁着崇拜的目光。她接着说道，由于鲍迪奇喜欢航海，便又去钻研航海术。据说，有一次，他教给船上的所有船员，甚至船上的厨师，如何观察月亮和星星的位置，之后船上的每个人都学会了确定船位。

后来，他又写了一本有关航海术的书，人们一度把此书捧为经典。这对一个从没受过正规教育的人来说，实在了不起吧？

我非常赞同玛姬的看法。鲍迪奇是我们学习的榜样。他从不认命，也从不惧怕任何困难，尽管他没有接受过正规的教育，但他以自学的方式获得各种必需的知识。

在鲍迪奇面前，障碍这个词的意思就是"胡扯"。但是，对那些总想逃避困难的人来说，挫折或困难则成了他们最好的挡箭牌。

女士们，我们总会经历各种各样的困难，失败了，从头再来；跌倒了，努力爬起来。千万不要一蹶不振，没什么大不了，继续前行，你终将会走向成功。

想看日出，就得早起；为了梦想，就要继续。你是这个世界上独一无二的风景，让今天的努力，成就更好的自己。别等到以后，后悔都来不及。

我非常喜欢的女演员莎拉·巴恩哈特就是一个十分了不起的人。她面对困难从不退缩，据说，她小时候是个受尽白眼的丑陋的私生女。

按照有些人的做法，她大可以把自己早年所处的恶劣环境当作自己偷懒、推脱的最好借口，但莎拉并没这么做，而是在困境中奋力进取，并最终成为演艺界不朽的人物之一。

只要你拥有一颗永不服输的心，坚强勇敢的意志，你就不会失败。命运是什么？所谓的听天由命都是懦弱者为自己寻找的借口。

贝多芬说过"我要扼住命运的喉咙"。其实命运掌握在自己手中，你可以改变所谓的命运。只要你相信你自己，把自己树立成偶像，你就是偶像；你把自己树立成标杆，你就是标杆。如果不认命，只能去努力！

我的一个好朋友的女儿叫温妮。温妮长得美丽清秀，但有一个缺点，就是自幼就口吃。这个孩子一向功课很好，颇受朋友的欢迎，小学成绩一直名列前茅。

这期间，我朋友为纠正女儿的口吃，曾找过许多治疗口吃的专家和精神病医师，但都失败了。

有一天放学回家后，温妮兴奋地向父母宣布，她被指定作为毕业生代表将在毕业典礼上致告别辞。然后，她欢快地跑到楼上自己的房间去做准备工作。

我的朋友夫妇俩对温妮的告别辞提出了一些修改意见，但是明智地回避了温妮发言时可能会遇到的语言障碍。

毕业典礼那天，小温妮从容地走向讲台，代表毕业生致告别辞。她挺胸收腹，踌躇满志。台下的听众屏神凝气，准备细听温妮的发言，因为其中有不少人知道她有语言障碍。

温妮满怀信心地慢慢抬起头，然后，她用15分钟的时间果断而流畅地讲完她的告别辞，中间竟没有出现口吃的毛病！

原来，从温妮准备告别辞的时刻开始，她就下定决心要克服自己口才上的障碍，而她经过自己的努力，终于成功地克服了这种障碍。

萧伯纳一向十分蔑视那些拿环境不好来抱怨命运不济的人,"一味地抱怨环境只会使他们成为目前这种样子"。

他说,"我不相信环境的阻碍之类的借口。这个世界上有成就的人,都是那些能主动寻找适应环境的人,即使找不到,他也会自己去创造一个。"

作为一个自强不息的女人,她们从来不在生活中寻找借口抱怨环境。对她们来说,困难面前,没有借口,只有征服。

其实在生活中,如果刻意地去找,每个人都能找到自己能够抱怨的事情。但你要时刻提醒自己你是一个女人,有着男人没有的优点,也有着男人所不具备的劣势,这一切要求你要永不言弃!

第五章

你若渴望前行,
就不要停下脚步

越努力的女人越幸运

美国政治家罗勃史蒂文生曾经说过:"从现在一直到我们上床,无论任务有多重,我们每个人都能支撑到夜晚的降临。"

罗勃史蒂文生告诉人们:"无论工作多么辛苦,每个人都能做好自己当天的工作,只要努力一天就够了。只在这一天内,每个人都能活得甜蜜,有恒心、爱心、纯真。其实这些就是生命的真谛。"

生命对我们的要求就像他描述的那样,努力地过好每一天,那么我们就会越来越幸运,越来越成功。

可是,住在密歇根州沙支那城的席尔兹太太就是因为没有认识到这一点,差点自杀了。她和我讲述了她的故事。

席尔兹太太的丈夫去世了,她非常痛苦,情绪低落,而且几乎身无分文。于是她给过去的老板写了一封信,希望能重新工作。

她曾经的工作是以向乡镇的学校推销《世界百科全书》之类的书籍为生。本以为这样繁忙的工作会消除她的沮丧。

可是丈夫毕竟不在了,她要一个人开车,一个人做饭吃,一个人生活,这所有的一切令她无法忍受。

一天,她开车来到密苏里州的一个小镇上。那里的路崎岖难行,而且那里的学校很穷,她的业绩就更少了。

她一个人在那里孤零零地,非常沮丧,感觉生活没有什么希望,根本看不到成功的出路。她都没有勇气活下去了，甚至想自杀。

她无心面对生活，担心缴不出分期付款，担心付不起房租，担心自己没有充足的粮食。她还害怕一旦生病，甚至连看医生的钱都没有。

直到有一天，她从消沉的深渊中解脱出来，是她看到了一篇文章。那篇文章中有一句话：智者视每日为新生。

这句话让她备受鼓舞，于是她把这句话贴在车窗上，每天开车的时候都能看到它。她发现只生存在一天内并不是很艰难。

于是她学习忘记昨天，也不去想明天将会如何。每天早晨她都对自己说："今天是我新生活的开始。"

终于，她成功地克服了对孤独的恐惧，对奢望的担忧。现在的她对生活充满了热情和关爱，而且还很快乐，也很成功。

一个聪明的女人，也应学会把每一天都当作一个新的人生。努力地过好当下的每一天，你才能过好整个人生。

希腊哲学家赫拉克利特就教导他的学生："万物善变，唯真理不变。"他说："你不可能两次踏进同一条河流。"

河水时刻都在变，所以人不可能同时踏进两次。生活也是不断变化的，而只有今天才是确定的。

底特律市有一位珊朵拉·佩琪女士，在她明白"生活就存在于每天的每个小时中"之前，差点为忧虑而命丧黄泉。

家境贫寒的佩琪女士赚到的第一桶金是卖报纸得到的。后来，为了养活年老的父母，她找到了图书馆助理的工作。待遇虽然不高，她却不敢辞职。

8年过去了，她才鼓足勇气自己创业。刚一开业，她靠着借来的55美元原始资本就创造出了每年2万美元的收益。

可是灾难却接踵而至，一次她为朋友担保，数额巨大，而她的朋友却宣告破产。

糟糕的事一件接着一件，她存储资金的银行又宣告倒闭。她因此不但分文不剩，还欠了16000美元的债务。

她几乎发疯了。她说："我寝食难安，我感觉自己得了奇怪的病，除了担忧还是担忧。一天，我沿着大街闲逛，竟虚弱得晕倒在路旁。"

她的身体日渐衰弱。最后，为她诊治的医生说她只能再多活两星期了，她震惊了，准备好了遗嘱，然后就躺在床上等待生命的终止。

佩琪女士最终放弃了一切，完全放松下来，然后就睡觉了，平静地等待死亡的光临，睡得安稳而踏实。渐渐地，她的担忧逐渐消失了。她开始恢复，逐渐胃口大开，体重开始增加。

几个星期之后，佩琪女士能拄着拐杖走路了。6个星期后，她又能回去工作了。虽然她曾经年收入2万美元，但她说现在能找到每周30美元的工作，她就非常高兴了。

佩琪女士现在的工作是推销汽车零件。以前的经历让她上了一堂有益的课，不再去担忧什么，不再为过去发生的事情后悔，也不再忧虑。

古罗马有句话说得好："享受每一天"或者"抓住每一天"。是的！要抓住今天，尽自己的努力去利用好今天。只有这样，我们才能每天都有新的收获，才能每天都有新的感受，才能不至于每天都过同样的生活或每天只是觉得生命又离尽头近了一步。

否则，我们每天都是行尸走肉，每天都在空耗我们宝贵的生命，这样地活一万年和活一年甚至一天又有什么区别呢？

因此，女士们，抓住属于我们每一个人的今天吧，因为只有今天才属于我们自己！愿每一个朋友都能珍惜今天，在今天绽放发自内心的笑容。

"困难"是个无聊的词

女士们,当你们从小女孩长大成人的过程中,要做好随时迎接挑战的准备。在工作和生活中,我们会遇到各种各样的麻烦和困难,但是不要惧怕,困难只不过是一句无聊的词而已。

在我的培训班有一个小姑娘,她告诉我,她最大的愿望就是成为一个明星。我鼓励她为自己的梦想努力奋斗。然而等我第二次见到她时,她完全放弃了自己的梦想。

我问她为什么要放弃自己的梦想呢?她对我说:"我长相一般,也没有完美的歌喉,要成为一名著名的歌手,困难太大了。"

其实,这些只是一个逃避的借口罢了,歌喉和长相,并不是成为明星的必需要素。

我们每个人都非常清楚,在漫长的人生道路中,谁都不可能是一帆风顺的。我们每个人都有遇到困难的时候,此时就需要我们拥有坚强的毅力,不把困难当作生活中的不幸,困难会让我们更加成熟、更加睿智。

伊丽莎白是我的朋友,她是一家大公司的高管。有段时间,她的公司出现了一次的大危机。公司总裁下台,公司旗下的十几个品牌出现亏损,股价大幅下降。

就在这个时候,伊丽莎白作为公司高层中仅有的女性,也向董事长提出了辞呈。早在危机前,伊丽莎白就想离开了。

她曾对公司的官僚体制和迟滞的工作效率进行批评,希望得到领导的重视。可是并没有得到任何结果。

她向董事长提出辞职时，董事长把她的信撕掉并且告诉她："你能挽救公司。"伊丽莎白却再一次打印了一份辞职信，坚持要辞职。董事长还是不让她走，与她进行了多次长谈。

伊丽莎白向董事长讲述了公司的一系列弊端，说她对公司的现状感到太失望了。她说虽然公司是闻名全世界的大企业，可是她仍然感觉公司已经死了。

董事长说："那你为什么不让它脱胎换骨，对它进行改革呢？""如果你愿意，你现在就是总裁。"

伊丽莎白考虑了一会，目光变得坚定起来，她点了点头，并说："好。"

于是，伊丽莎白对公司进行了大刀阔斧的改革，终于把公司从困难中给解救出来。公司渐渐步入正轨，再次盈利。伊丽莎白也因此成了企业界的传奇性人物。

我非常佩服伊丽莎白的有勇有谋。她不畏困难，把一个濒临倒闭的公司挽救下来，靠的是她根本不把困难当回事，她相信依靠自己的努力，最终一定会成功。

女性的承受能力天生就会比男性弱一点，所以女性在处理困难时要更加坚强一点。无论遇到怎样的困难，请保持自己乐观的心情，相信自己可以解决所有的问题，即使不能解决，我们一定还会有起死回生的办法。

只要坚持，不自暴自弃，勇于面对生活中的困难，就没有什么可以阻碍你的发展，即便是生老病死，你也能微笑应对。

我的朋友米兰达·赫姆出生在俄亥俄州的亨维特，当她降生的时候，医生告诉她的父母，这个孩子很难活下来。

但是米兰达·赫姆还是活了下来。只是她的右半身落下了先天性残疾，常常疼痛难忍。而且她也不能从事体力劳动，一点重活都不行。

但是她没有向命运低头，没有自暴自弃。她利用闲暇时间大量阅读，从事公益事业，在她28岁的时候，她成了卫理公会的传道士。

在以后的日子里，她又经历了两次事故，差点丧命。但是她仍然坚持自己的信念，没有向不幸的命运低头，仍然是做好自己的慈善事业。

米兰达·赫姆举办过上千次演讲，还写过两本书，并为教会以及其他慈善机构募集资金，帮助困难中的人们。她的名字，被当作勇气的代名词。

米兰达·赫姆忍受命运的折磨，却始终没有向命运低头，她勇敢地面对、接受这些困难，最终谱写了一段传奇的篇章。

各位女士，不要在乎生活中各种各样的困难，它虽然给我们带来了一些害处，但是也加速了我们的成长和成熟，激发了我们的潜能，使我们变得更有信心！

扛得住，世界便是你的

我曾经游遍美洲各地，因而常常有幸见到那些内心强大的人。其中有一位丧失双腿的人，他叫本·福森。我是在索菲亚州的一家旅馆电梯里遇到他的。

走进电梯时，我看到他正坐在电梯角落里的轮椅上。当电梯停在他要去的楼层时，他友善地请我让开，以便他顺利移动轮椅出去。

他说："不好意思，请您让一下！"脸上呈现出和蔼的笑容。当走出电梯回房时，我实在忘不掉这位开心的残障者。

于是我找到他，请他给我讲讲他的故事。他微笑着说："有一次，我到山上砍完木头，把木材堆上车，然后开车回家。忽然一根木棍滑下来，就在我急转弯时，木棍卡在了车轴内，我立刻被摔到一棵树上，当时双腿就没了知觉。从那以后我就再也没有站起来过。"

我问他是怎样勇敢地面对这个事实的。他说："我不能面对！"原来，他当时也曾极度怨恨命运为何如此捉弄他。

但是，随着年岁的增长，他认识到反抗、怨恨对自己毫无帮助，反倒使自己变得尖酸刻薄、不通人情。"我终于认识到，"他说，"别人和善礼貌地待我，我也应该和善礼貌地回应对方。"

这件事情发生后，他开始读书，并对文学产生了兴趣。10年来，他读了1000多本书，这些书开拓了他的眼界，丰富了他的人生，这比他以前所能想象的生活还要精彩。

他也学会了欣赏美妙的音乐，以前听到音乐他就打盹，现在交响乐令他感动。然而最重大的转变，还是他开始认真地思考。

"有生以来第一次，"他说，"我能真正用心观察世界，体会人生价值。我终于悟到以前那些无聊琐事，毫无真正价值可言。"

因为大量读书，他逐渐对政治产生了兴趣，他开始研究公众问题，坐在轮椅上演讲！他开始认识大家，而人们也开始结识他。他坐在轮椅上，就任索菲亚州州秘书长一职。

我深刻地感觉到，那些成功者之所以能获得成功，是因为一开始虽然有一些障碍阻碍他们，但是这又促使他们加倍地努力，绝不屈服，于是就取得了巨大的成就。

就像比尔·詹姆斯所说的："缺陷往往对我们的人生有意外的帮助。"

波基尔·连尔教授的自传体小说《我想看》曾经轰动一时，成为畅销名著。可有谁知道，她在长达50年的时间里像盲人一样生活着。

就是这样一个重度残疾的人，却不屈不挠、坚强勇敢，不断地自我激励，从而赢得了生命的辉煌。

出生在明尼苏达州的达尔，少年时一双眼睛意外受了重伤，只有从左眼角的小缝才能看到东西。

上学读书时，她尽量把书靠近眼睛，睫毛常常触碰到书本，这样才能看到文字。即便这样，她也非常享受学习知识给她带来的快乐。

她的成绩总是名列前茅，令她的父母感到很自豪。而看到别的小伙伴崇拜的眼神时，她的心中也充满了快乐，这种快乐是靠自己的努力获得的。

她乐观开朗，经常和小伙伴一起玩游戏。她最喜欢玩的就是跳房子，尽管看不见记号，但是她会努力地把每个角落都记在心里。

即使在跑步比赛中，她也没有输过。她的小伙伴们也从来没有嫌弃过她。正是凭着这股韧劲，后来她获得了明尼苏达大学的文学硕士学位。

工作后，她又成了某所大学的文学教授。她的小说《我想看》激励了许多人向命运勇敢抗争。

尽管命运给了她很多的不幸，但是她始终以一种苦中作乐的勇气来面对生活。她用肩膀扛起了她的世界里的所有重量。

每个人的成长道路都不能是一帆风顺的。有的女人在遇到困境时,看不到前途的光明,抱怨天地的不公,甚至"破罐子破摔",在精神上倒下。

而有的女人在遇到困境时却能泰然处之,认定活着就是一种幸福,痛苦之后,她们依然能够从容安定,积极寻找生活的快乐,不浪费生命的一分一秒,于灰暗之中向往光明,在精神上永远不倒。

我们既然来到了这个世界上,就不能枉来一生。但愿我们在走完人生旅途之时,回首望去,没有遗憾,没有悲伤,有的只是感到满足和欣慰。

不逼自己一次，就不知道自己有多优秀

一次，我在家休息的时候，我的朋友埃琳娜找到了我。她正在发愁，因为她自己总是不能按时做好自己应该做的重要事情。

清晨的阳光照进窗子，鸟儿唱着优美动听的歌谣。埃琳娜准备今天看的重要的资料放在书桌最显眼的地方。

她懒洋洋地趴在床头，告诉自己说："现在还早，再睡一会，睡醒了再看。"说罢，便又沉沉睡去了。

等到埃琳娜睡醒时，已经是中午，她忽然看见洗衣间里堆积如山的衣服。"唉！"她叹了口气，摇头道，"不是我不愿看资料，只是这些衣服实在太碍眼，我只能去先把它们解决掉。"

等到她洗完衣服，这时她又看到房间凌乱不堪。于是她开始整理房间，一抬头已经是下午三四点钟啦。

她刚一坐回书桌前，看着手上的资料，就感到头疼。她的眼睛不自觉地瞄着手机，想着今天约了闺蜜逛街，闺蜜刚才已经打电话过来催她动身了。

已经答应好别人的事情怎么能够爽约呢？她安慰自己，不是还有晚上的时间可以看资料呢吗？她毫无愧疚地关上门，去陪闺蜜逛街。

逛街回来，她既兴奋，又有些体力不支，兴冲冲地再次试过新衣服之后，已经是晚上10点钟。洗漱、睡觉，关上灯的时候，她猛然想起来，自己还有份资料没有看！

可是一想到那复杂又令人头疼的资料，埃琳娜就看不下去。她把烦人的资料抛

在脑后,接着翻过身去,迷迷糊糊地嘟哝着:"算了,明天再说吧。明天一定看完。"这些话,她早就说过无数遍了。

此刻,我已经完全明白她的问题在哪里了。于是我对她说:"不如这样,你下次再遇到相同的情况的时候,就待在那里,如果做不出来,就什么都不去干,强迫自己的眼睛始终不离开目标。"

每个人都有过这样的经历:本想下定决心今天要完成某件事情,到了那一天总是控制不住自己去做别的事情。

我们总是三番两次找借口推脱不干,而后又因为内心愧疚不安,发誓今天是个例外,明天再做。

如果一个人总是将事情推迟到将来,那他就是在逃避现实,怀疑自己,甚至是在欺骗自己。

拖延时间的心理会使一个人在现实中变得懦弱,并不断依靠幻想。他们总是不分事情的轻重,一律拖延,明日复明日,最终碌碌无为。

保持你的自律,强迫自己做该做的事情。下定决心做的事情,就逼自己完成。任何借口,都不轻易纵容。

我们每个人都可以支配自己的生活,这毋庸置疑。然而我们总是一次又一次败给自己的情绪。

史密斯小姐是个非常有才华的人,然而不知为何,她的作品总是不太令人满意。

她只在有灵感的时候才能创作。因为精力充沛和创造力旺盛是创造好的作品的必要条件。要想具备这所有的条件,那就意味着写作时间的减少。

而她平常的情绪也不高,因此很难有什么创作的欲望。没有好的灵感,常常困扰着她,因此她也就越发地写不出好的作品。

她每次坐到打字机前,想要完成一部作品的时候,就感到一片茫然,长时间地盯着白纸发呆,这让她十分愧疚。于是她就做其他事情来打发时间。

一位朋友告诉她:"对自己的情绪不要心软。即便是到坚持不下去的时候,依然要强迫自己,不要纵容自己。"

朋友说,坚持到最后,你才会发现,自己逐渐能从曾经觉得困难的事情中获得一些乐趣,再也不觉得做这些事情是件苦差事了。

从此，史密斯小姐认识到，自己必须正视工作，逼迫自己不能再找借口而不去面对困难。她给自己订立了翔实的计划，包括起床的时间、洗漱的时间，以及开始工作的时间。

若总是打不出想要写的内容，就在那里呆坐一天，哪里也不能去，更不能被其他的事情分心。不但如此，她还给自己订立了小小的惩罚规则：不打完一页纸不能吃早餐。

第一天，史密斯小姐直到下午3点才吃上早餐。但是到了第二天，她在两个小时之内，就完成了一页纸。

第三天，更是极其轻松地打完了一页，又接连顺利地完成了好几页，才想起来要去吃早餐。过了不久，她高兴地告诉朋友，她已经完成了自己的作品！

在跟我分享感受时，她感慨道："我当初只是逼着自己适应，而到了后来，竟然逐渐从写作中察觉出乐趣来，渐渐找到门路。真的没想到自己能够完成一部作品。"

人是被逼出来的。安逸不是不好，但是安逸容易让人堕落，容易让人不思进取。而强迫则不同，越强迫自己，越能发觉自己的潜能，拓深自己的极限，完成自己的目标。

很多时候，我们常常认为有些事根本不可能做到，于是，习惯了安于现状，习惯于安慰自我，可是，没有百般磨炼和万般付出，怎么会有轻易得来的好处。

落了水的人，会拼尽全力靠岸；饿得久的鸟，会想方设法觅食。爬到山腰，你才会更想看到山顶的风景；掉到低谷，你才会更加期盼外面的光明。

不逼自己一次，你永远不知道自己有多优秀，不逼自己一把，你永远为自己的懒惰找理由。拼一下，你才会知道自己能达到什么样的高峰；逼一次，你才发现自己能厉害到什么样的程度。

女士们，尽量把一切你不喜欢而又必须做的事情，当成挑战。不为自己找借口和理由，拒绝眼前的诱惑，踏踏实实地完成手上的任务和工作。严格要求自己，你会得到更多。

你若渴望前行，就不要停下脚步

有一天，当我看《星期六文学周报》时，看到菲利斯·麦克金利写的一篇文章，其中有段话让我深有感触，我想把它送给每个女孩、每位女士。

这段话是这样写的："如果你要指责学校的教育方式非常糟糕，那么你得说出你的评价标准。曾经我在各种场合痛骂每个学校。时光飞逝，我渐渐地不再骂了，因为我发现不管多么糟糕的学校，都会有好的一面。"

菲利斯说："有一次，我路过学校的一个文学风景区。那个地方聚集了各种类型的古典英文作品，可是我却在痛骂学校的时候与它失之交臂。因此，当我好奇地走过去的时候，我非常惊讶。我竟然错失它这么多年。从那以后，我疯狂地在这里阅读，弥补当年失去的时间。"

很多时候，我们就是那个"痛骂学校的人"，我们总是抱怨自己所处的环境和氛围。有些女孩认为学校的学习环境和教育制度太差，有些人认为自己所在的企业升迁机制太不人性化，还有些女士认为做全职太太很压抑，甚至一些全职妈妈们嫌孩子太闹腾。各种各样的抱怨蒙蔽了我们的双眼，让我们觉得是因为缺乏有利的环境和时机，所以我们才无法施展自己伟大的抱负。

于是，很多人都在等待糟糕的环境快点结束，好让自己能像极力奔跑中的狮子一样奋发向上，奋力追求自己的目标。

更有趣的是，这些人普遍在抱怨自己不够幸运。他们觉得命运对他们不公平，他们没能享受很好的生活物质条件。

事实上，如果的你的梦想够伟大，目标够确切，外在的物质条件根本不是你停止脚步的原因。我们就是太会为自己的止步不前找借口了。

在纽约市教授成人辅导班时，我常给班里的成年人讲述这样一个故事：

有一个失学者，他的童年是在贫困和饥饿度过的。他的父亲在他很小的时候就去世了。

而他母亲为了养家，在一家伞厂工作，每天工作10个小时，下班后还要带些零活回家做，一直工作到晚上11点钟。

那个男孩有一次参加教会的戏剧演出，觉得表演非常有趣，在以后的表演中他不断锻炼自己的公开演讲能力。后来也因为演讲能力出色，他涉足政界。

30岁的他就已经当选了纽约州议员。不过面对如此重任，其实他还没有完全准备好。他亲口对我说，他还没搞清楚州议员的职责是什么。

后来，他开始研究纷繁复杂的各种法案。对他来说这些法案就跟天书一样。

他告诉我，要不是害怕向母亲承认自己的挫败感，他可能早就另谋高就了。当此绝望时，他就下定决心每天研读16个小时，攻克难关。

付出的努力终将得到回报。他从一位地方政治人物一跃成为全国性的政治人物，他的表现非常出色，连《纽约时报》都尊称他为"纽约市最可敬的市民"。他就是艾尔·史密斯。

艾尔曾亲口对我说，如果他不是每天刻苦攻读16个小时把他的缺陷弥补过来，今天他就不可能取得如此的成就。

苏格兰著名散文家和历史学家托巴斯·卡莱尔曾经说过："天才就是无止境刻苦勤奋的能力。"

成功与安逸是不可兼得的。正如有句古话说得好：现在贪睡流的口水，将成为明天的眼泪。今天不努力奋斗，明天必定会后悔。

机遇与勤奋是孪生兄弟，上天只会把机遇留给勤奋的人，而长久的努力是成功所必需的。

各位女士们一定要记住，不要抱怨现在的生活多么不如意，其实这一切都是由你之前的奋斗决定的。

你现在过得多舒坦，那以后就会过得多艰难。反之，你现在过得多拼命，以后就会过得多舒适。

你要想成功,现在就必须付出更多的努力,不要停下努力的脚步。因为在这个世界上,99%的人的命运都是由自己的努力程度决定的。

你没有理由不坚强

我的一位朋友,来自密西西比州杰克森市的内莉·克威顿太太,是一位非常坚强的女士。她的三个孩子身体不好,总是生病。克威顿太太无微不至地照顾着她们。

可是孩子们好了之后,家庭医生又对她说,她丈夫有很严重的心脏病,随时都有可能出事。

"我担心死了!"克威顿太太在写给我的信里说,"我每晚都无法入睡,很短的时间里我的体重就下降了15磅,再这样下去,我会精神崩溃的。在一个失眠的夜里,我问自己:每天这样忧心忡忡的,丈夫的病就能好了吗?这对我的家庭有什么好处呢?快要天亮时,我开始计划自己应该怎么做。"

克威顿太太想到自己的丈夫手很巧,会做家具。于是,她就想让他做一个床头柜给自己。她负责设计,他负责做。第二天,克威顿太太就给她的丈夫看了她的设计图纸,好几个下午,她的丈夫都研究这个床头柜的做法。克威顿太太注意到,每天干活的丈夫十分开心。后来,她的朋友们看到后,也非常喜欢她的小床头柜,于是她们也让她的丈夫帮忙做了几个。

他们总是尽可能地帮助别人。他们经常把小菜园里种的新鲜蔬菜送给亲朋好友。无聊时,克威顿太太和她的丈夫就开始讨论如何设计他们梦想中的小菜园。

克威顿太太说:"一个下午的一点钟,我丈夫突然去世了。那时,我才明白,我生命中最幸福的日子,就是和我丈夫一起梦想的日子。我真庆幸没有让自己整天活在恐惧之中,面对生活的不幸,我做到了我所能做的一切。"

面对亲人随时可能离去的不幸，克威顿太太表现出非同常人的坚强，她使丈夫在生命的最后一年里活得幸福，活得充满意义。

生命并非总是一段快乐的、充满幸福的旅程，它同样充满了挫折与挑战，只有勇敢地面对生命中的每一次考验，我们才能成长，才会无坚不摧。我们需要的是"在哪里跌倒，在哪里爬起来"的勇气。

女士们，你必须学会坚强，无论生活是泥潭还是荆棘，坚强地成长，坚强地应对。你没有理由不坚强，因为有一天你要用自己的守护接替父母的守护，把爱延续下去。

帮助别人、升华自己是治愈伤痛最有效的方法之一。住在威斯康星州的妮娜女士，是大家学习的榜样，她不但从自己的痛苦中走了出来，还去安慰那些和她一样痛苦的人们。

她的儿子23岁时，在一次军事行动中光荣殉国了。作为母亲，她自然非常痛苦，但她说，她并不需要别人的同情。

她说："我认识很多母亲，她们从不知道什么叫幸福。她们的儿子不是患有脑瘫病，就是患有精神疾病，身体残疾，不能回报社会，也不能报效祖国。还有许多女人终身都没有儿子，她们怎么盼也盼不到。我为我的儿子感到骄傲，23年来，伴随他成长的日子，是我最幸福最开心的日子。"

妮娜女士说在她接下来的人生中，和儿子美好的回忆将永远伴随着她。现在，她要尽她最大的努力让那些在军中服役的儿子们不必担心他们的母亲。

她是这样说的也是这样做的。她不断地慰问军人的家属，或者去看望那些战士。她将自己的所有精力都放在帮助别人的事情中去。以至于她根本没有时间去品尝自己的痛苦。

生活中无论是你，是我，还是我们身边的每一个人，都必然会在人生的旅途中面临困难的考验。不管是君主还是乞丐，诗人还是农民，当人生的磨难降临在他们头上的时候，他们所承受的痛苦是一样的。

年轻的朋友，或者拒绝长大的朋友会对此感到痛不欲生，对磨难恨之入骨，因为他们不明白，磨难只是人生的一部分，它和出生、死亡、纳税一样寻常。只有学会坚强，我们才能笑着走下去。

不要执着于生命的 10%

我的培训班上有一位女学员,由于突然间晕倒被送去医院。到了医院后,医生检查说这位女士只是血糖有些低,并无大碍。可是这位女学员却总是担心自己有什么毛病,害怕极了。

医生不断地安慰她,叫她千万不要担心,以后自己多加注意,合理饮食就可以了。可是她还是担心,最后医生很无奈地对她说:"我真不明白,你在担心什么?"

我们也应该扪心自问:"我在担心什么?"然后你就会发现,自己担心的所有事情,跟其他人相比实在微不足道,根本没什么大不了的。

生活中大约有 90% 的事情是对的,只有 10% 可能错了。我们想要得到快乐,就该把自己的精力集中在那 90% 正确的事情上,而不去理会那 10% 的错误。

只要我们把注意力放在我们所拥有的事情上面,而不去担心那些可能会犯的错误,那么我们会活得更自由,更开心。

可能有些女士会问:"卡耐基先生,我可以不关心那些偶尔出现的小错误,可是我什么都没有,叫我怎么开心呢?"

我很想告诉那位女士,你怎么会什么都没有呢?你拥有的财富也许是别人用多少钱也换不来的。

你愿意用一双眼睛换取一亿美金吗?你认为你的双腿卖多少钱合适?还有你的双手,你的听觉,你的家庭……这所有财产加在一起,你会发现自己是多么富有!

哪怕洛克菲勒、福特和摩根三个家族所有的黄金都给你,我想你也不愿意交换。

可是又有多少人能真正理解这些呢？很少。正如叔本华所说："我们很少想到自己所拥有的，却时刻想着自己所没有的。"

这才是人生最大的悲剧，它带给人的痛苦，也许比历史上所有战争和疾病还要痛苦。

正是这一点，我的朋友约翰·勃马差一点从"从一个正常人变成一个脾气恶劣的老家伙"。从军队退役后，约翰·勃马开始做生意。

他夜以继日地努力工作，终于使生意走上正轨。但是很快他就发现问题了，他并没有渠道购买他需要的零件和原料，这迫使他不得不放弃初具雏形的事业。

因此，他心里充满了担忧，脾气越来越古怪。他的情况越来越糟，亲戚和朋友都忍受不了他了，他的妻子心想，再这样下去，迟早有一天他会毁掉他幸福的家庭。

直到一天，曾是约翰下属的一个年轻士兵对他说："约翰，你应该感到愧疚，你的样子显示好像全世界只有你才烦恼一样。即使放弃了你的事业又怎样呢？等一切正常后你还可以重新再来。你本来有更多值得感激的事，可你却在不停地抱怨。上帝！我真希望我就是你。"

那位士兵指着自己："你看看我，只剩一只胳膊，还烧伤了半边脸，可我从来不抱怨什么。要是你继续这样子的话，不但会失去自己的事业，可能还要失去家庭、健康、朋友。"

一语惊醒梦中人，约翰发现自己正在走向不归路。于是他决心改变自己，要找回原来那个自己。现在的他已经做到了。

不要只看到生活中不好的一面，久而久之，你的眼睛里容易充满不幸和阴暗，你可能会越来越悲观。

做一个阳光乐观、积极向上的人，你的世界就会充满美好和芬芳。这样的你就像一只蝴蝶，一定会引来无数人的赞美和追逐。

萨缪尔·约翰逊博士很早就发现了一个道理："养成观察事物积极面的习惯，比一年赚一千镑还要重要。"

那些执着于10%的消极事物的人，往往生活得一塌糊涂，找不到生命的意义，体会不到生命的美好。

别害怕人生重新开始

几年前的一次车祸使玛丽·杰恩的丈夫丢失了性命。不幸的是,不久后她的母亲也去世了。紧接着更大的不幸接踵而至,她的儿子也因为和别的孩子去海边游泳而溺水身亡。

玛丽悲痛不已,她说,现在只有她自己孤零零地活在这个世界上。参加完她儿子的葬礼,她回家时发现,她是如此孤单,她的家空无一人,悲伤的气息充斥着她的全身。

玛丽几近绝望:"我害怕一个人这样寂寞地活下去,我怕自己不能适应这种生活,我真是太痛苦了,我真的不想活下去了!"

她每天都在悲伤、恐惧和孤独中度过。玛丽感到痛苦而迷惘,觉得不能接受发生在自己身上的一切。她说:"我渐渐地明白。时间是最好的疗伤药,我只能用工作来暂时忘记所有的悲伤。时间一天天流逝,我发现,自己又有了重新生活的勇气了。"

慢慢地,她开始关心同事和朋友,一天早上醒来后,玛丽发现她已经走出了那段艰难的日子。

时间让她明白,她不能改变一些注定的东西。这个过程是缓慢而漫长的,想要在短时间之内有所改变是不行的,人们都是一点点改变的。

最重要的是,你决心要改变。现在,回首那段黑暗的日子,玛丽感觉自己的人生就像一条安全到岸的船,经历了疾风暴雨的洗礼,终于能够停在一个宁静的港湾里。

玛丽承受了一般人不能忍受的伤害。她最终选择了勇敢地面对现实。她也曾拒绝面对现实，沉浸在痛苦中不能自拔。但是最终她还是走出来了，重新开始了自己的人生。

面对灾难，除了接受现实，我们无路可走。我们唯有依靠时间去修复，强迫自己继续前进，完成人生赋予我们的使命。

我也曾经害怕过与陌生人交谈，甚至因为缺乏勇气、担心被拒绝而失掉了三次工作机会。是我的一个朋友帮助我克服了总是担忧的烦恼。

我的这位朋友遇到的麻烦比我的难对付得多，而他却没有闷闷不乐。1929年，他一夜之间成了"暴发户"，但不久后又一贫如洗。1933年，他再一次突然成了富商，可是又没富裕多久。1939年，他东山再起，突如其来的一大笔财产又付诸东流。

他历经破产，被债主、仇家追得四处躲藏，甚至于走投无路。但是这些打击并没有让他想不开，他反而沉着冷静地面对。

我们聊天的时候，他拿过一封信，对我说："戴尔，看看。"我接过信，看了一下，那是一封充满怨言与责难的信。信中提出的问题都是令人难堪的，我问他打算怎么回复这封信。

他说，这是他自己写给自己的信。他说："告诉你一个秘密，下次你再有什么烦心事、愁事，就拿起纸笔，平静地坐下把你担忧的具体细节全部写下来。然后把这张写满担忧的纸条放在你书桌抽屉的最底层。"

他告诉我，几周后，你再去看它。如果看的时候，还是觉得心烦意乱，就把纸条放回抽屉里；再过两周，你会发现在抽屉里那些烦心的事很安全，没什么不当之处。

可是同时，却可能出现很多新情况影响你所忧虑的那些事。只要我们有耐心，那些曾使我们担忧的事，都会过去——自动化解。

我按照他的做法处理烦恼也有好几年了。我发现，我真的不再为什么问题烦心了。时间可以化解很多问题，你今天所担忧的事时间能摆平。

有时候，灾难不是生命意义的终止，它可能就是催促我们马上行动的催化剂，它刺激着我们要主动改变自己的状况。只要你勇敢面对，一切都会如你所愿。

萧伯纳说："人生最大的不幸，是用闲暇时间忧虑自己是否幸福。"始终保持活跃状态，我们的人生随时可能重新开始。

女士们，你还年轻，别怕冒险，即使失败了，也有足够多的时间来扭转。不管有多痛，自己一定要咬紧牙，告诉自己不能说痛。人生不管有多少的磨难，都是下次起航的积累。

印度教神祇柯瑞斯纳曾经说过："一个人是否真正的幸福，不在于那些温和而客气的祝福，而在于他是否能勇敢地接受他所面临的苦难与不幸。"

我们不能因为摔过跤而不敢奔跑，不能因为风雨而诅咒生活，不能因为迷了路而忽视了自然风光。我们只有勇敢地面对困难，迎接挑战，才能找到生活的闪光点，享受成长中的每一分精彩。

走自己的路，让别人去说吧

"走自己的路，让别人去说吧！"但丁的这句话鼓舞了无数的有志者不断地排除干扰，开创属于自己的人生。

我认识一位公交车售票员的女儿，名叫凯斯·达利，她一直有个梦想就是当一位歌手，但是她的容貌是她最大的失败，她的嘴太大，还有龅牙。

她第一次登台演唱时，在新泽西的一家夜总会里，她试着拉下上唇遮住牙齿，以使自己显得很高雅，结果显得相当荒唐可笑，这就注定她要面对失败了。

幸运的是，当时夜总会的一位男士认为她唱歌很有天分。他很坦率地说："在这里我看了你的表演，我看出来你要掩饰什么，因为牙齿很难看，很羞愧对吗？"

那个女孩听了很尴尬，不过那位男士接着说："龅牙又怎么了？龅牙又不犯罪！不要刻意去掩饰，张嘴唱歌，你越随意发挥个性，观众越喜欢你。不要害怕别人说你的牙齿难看，只要你唱歌好听就够了。"

凯斯·达利接受了那个人的建议，在歌唱方面把龅牙忘得一干二净。从那以后，她全身心地投入到歌唱中，再也不在乎别人怎么说她的缺陷了。后来她成了著名的歌星。

一位哲人曾说过："听信了别人的偏见常常会扼杀自己很有希望的幼苗。"只要看准了方向，就要自信地坚持自己的原则，坚定不移地走属于自己的路，这样才能避免自己的希望被自己所扼杀。

如果一个人自己要做什么，走什么样的路这样的事都要听从别人的指定或允许的话，岂不是说自己的脑袋长在了别人的脖子上！

走自己的路，做自己生命的主宰，不管多么崎岖多么坎坷也要义无反顾。不要在意别人的冷言冷语，让他们说去吧，何必在乎！和大多数人不一样的，未必是错误的：自己的想法别人不一定认同，这和别人的经验不一定适合自己是一样的。路，必须按自己的意愿去走。

凯瑟琳·赫本出生在一个思想开明的家庭。她的父亲是性卫生研究的开创者之一，而她的母亲则积极投身妇女参政运动，经常参加白宫前的示威活动，要求改善妇女的工作条件。

赫本在言论自由的环境中长大。当女性还在约束自己的年代时，赫本早已穿上了便裤和便鞋；当别的女孩每日练习如何举止优雅，赫本早就用咆哮与尖叫来讨论问题。

"淑女"对赫本来说是一个陌生的概念，她可以随时随地自由发表对政治、爱情、婚姻、生育等敏感话题的看法，并且从来不会难为情。在家庭环境的熏陶下，赫本从小就养成了敢于挑战传统、与众不同的个性。

赫本的个性从来没有因为环境的改变而改变。即便是长大成人后走入复杂的演艺界，她也没有因环境而改变，反而是用自己的个性改变了银幕的色彩，尽自己所能改变着社会上长久以来的传统观念。

当同时代的女星们仍在演一些传统角色时，她就对饰演独立坚强的女性形象怀有浓厚兴趣，并在诸多影片中塑造了令人耳目一新的角色。她大力宣传计划生育，为的是使女性可以从家务中摆脱出来，争取自己的社会地位；她还协助母亲，呼吁赋予女性以选举权……

因此，美国各地后来出现的很多女权主义者组织都对赫本赞赏有加："赫本的努力给现在的年轻女性做出了榜样。"

女士们，太在乎别人的眼光和评价，只能让自己做事放不开手脚，犹豫不决，失去自我，失去个性，丢失自我的价值。

现代社会中我们完全没有必要在乎别人，比较别人。天生我材必有用，做好自己就是做到了最好。坚持自己所坚持的，相信自己所相信的，完成自己所能完成的，才是属于你自己的正确选择。

别人怎么看你并不重要，重要的是你是否勇敢地做自己，去做自己认为正确的事。所以，女士们，要想在生活中有所作为，闯出属于自己的一片天空，就一定不要被他人的言论所左右。坚持走自己的路，相信自己，你一定会成功的。

你若不勇敢，谁替你坚强

英国作家萨克雷在《名利场》中写道："生活好比一面镜子，你对它笑，它也对你笑；你对它哭，它也对你哭。"我们每个人应该用积极的心态驾驭生活，微笑面对生活。

柏拉图说过："没有一件人间俗事值得我们为它牵肠挂肚。"箭牌口香糖大亨比尔·芮格在总结自己成功经验时说："在我开始创业以来，曾经破产3次，但我不曾因此失眠过一分一秒。"

生活中谁没有烦恼与伤痛，关键在于如何处理，得当则圆满不当则伤人伤己。学会勇敢地面对，冷静地思考，睿智地决断，如果连你都放弃自己的话那谁还来帮你，谁替你坚强？

我曾经读到过这样一篇感人至深的故事，故事的主人公是一位叫作丽萨的女士。

丽萨女士一生都没有结婚，她收养了自己的侄子，把他视若宝贝。她的侄子在十八岁那年去部队参军了，一待就是十年。

一天晚上，丽萨女士接到了一封从部队发来的电报。电报上说她最亲爱的侄子为了帮助受害群众，不幸遇难。

这个消息犹如晴天霹雳一样，丽萨女士读完后就昏了过去。那一刻，她完全崩溃了，痛不欲生。她原本以为，再过不久，侄子唐恩就能回来和她一起过圣诞节了。

丽萨感觉活着没有意义了。她变得冷漠，不再和邻居们说笑，不再和朋友们往来，也对工作失去了热情。

她总是回忆和唐恩在一起的时候，拿出唐恩小时候的照片不停地看，想到他已经不在了，就伤心不已。后来，悲伤过度的她打算辞掉工作，离开生活几十年的家，去其他的地方。

当她收拾行李时，突然看到一封信，那是几年前她的母亲去世时，唐恩写给她的。信上说："我们都会想念她，尤其是你。但我知道，你会撑过去的，因为在我心里你是世界上最伟大的女人。我永远不会忘记你教导我的那句话：不管发生什么，都要记得微笑，就像一个男子汉那样，承受已经发生的一切事情。现在，我希望把它送给您，我的姑妈。"

看到这里，丽萨放下了正在叠的衣服，她觉得自己应该好好地活下去。她在心里默默地对唐恩说："安息吧，我的孩子！我一定坚强地活着。"

第二天，丽萨认真地给自己化了妆，穿上了自己最喜欢的衣服。这是唐恩离开之后，她第一次如此精致地打扮自己。她对着镜子中的自己说："就算输掉了一切，也不能输掉微笑。"

女士们，人生充满了太多无法预知的因素，灾难与不幸，总在没有防备的时候悄悄来临。没有谁能保证始终如一地陪伴在你身边。

同样，也没有谁能保证在你难过的时候会给你安慰，也没有谁能保证在你陷入低谷时能给你一双有力的手。

突如其来的变化，可能会夺走你现在拥有的一切，可能注定要剩下你一个人走一段陌生的路，因此，我们要学会微笑着面对一切，坚强地面对一切。

在面对苦难和不幸时，我们始终要坚信这一切终会过去。一片天空只有经历过风雨才能出现美丽的彩虹，一个人只有经历过挫折才能走向成功。

笑对挫折才是生命的最高意义。在人生坎坷的道路上，只要你的灵魂始终微笑，挫折与磨难只是生命中微不足道的点缀。

笑对生活，世界便会向你敞开许多扇大门；笑对生活，纵使风雨，也会变成生命中美丽的景色！

女士们，该坚强的时候必须坚强一把。自己选择的路，无论如何也要走完，必须努力坚持走下去，就算用尽一辈子的力气，也要得到短暂的幸福！

第六章

内心的强大,源于生命的丰盈

拥有自己的事业，才能过自己想要的生活

女性一定要有自己的事业，一定要懂得，只有靠自己的双手去赚得财富，花起来才会底气充足。女性只有有了足够的经济能力，才能过自己想要的生活。

心理学专家司卡尔·卢纳德曾经对2000名男士做过调查，问他们是否希望自己的妻子在结婚后做家庭主妇，以便让他们能够安心工作。

结果，除了那些收入实在太少的男士，其他人都回答说"愿意"。接着，司卡尔又问他们是否愿意娶一个在结婚前没有工作的女人，结果出乎意料，几乎所有的人都回答说"不会"。

这的确是一种奇怪的现象，为什么男人们都希望自己的妻子不去工作，然而却不愿意找一个没有工作的女朋友。我想，这也是很多女士心中的疑问。

后来，司卡尔又问那2000名男士为什么会有这种想法，结果很多人回答说："不工作的女人对于我们来说没有一点儿吸引力。因为她们不去工作，就代表她们依赖性很强，也就是说她们不能独立自主。对于一个男人来说，找一个不能独立自主的妻子是件很可怕的事情。"

说实话，就连我也有这样的想法。我的妻子桃乐丝在结婚以前就曾经做过秘书的工作，而她在工作上的出色表现也是吸引我的一个很重要的方面。

就在我们结婚的前3个月，桃乐丝每天依然都在很努力地工作。我曾经问过她为什么要这么努力工作，结果她说："我要在最后的时间好好享受工作的乐趣，毕竟做一个独立自主的女人是一件让人感到自豪的事情。"

没错，女士们，一个愿意独立自主的女人确实能够得到很多人的认可，其中包括同性，也包括异性。

著名的人际关系学家康纳德·斯塔克在一本杂志上发表文章说："在当今美国的女性群体中，最有魅力的就是那些能够或是渴望独立自主的女人。"

原因很简单，康纳德说："一个独立自主的女人身上所显露出的那种坚强、勇敢、自信等气质要远比那些依赖性过强的女性身上的漂亮衣服和首饰更吸引人。当然，女人的独立自主主要体现在工作上。"

在我的培训班上，有这样一位女学员，希望从我这里得到一些建议。她告诉我，她现在已经进入两难的境界了。

在结婚前，她曾经在一家商店做出纳员。后来，为了让丈夫能够安心工作，结婚后她毅然辞去了那份工作。

可是，最近家里出了一些变故，经济状况有些紧张，因此她想再次出去工作，可又怕自己的丈夫不同意。

我问她是否已经试着和丈夫谈过了，她说没有。于是，我鼓励她去试一试，因为只有尝试过才知道能不能成功。

后来，那位女士终于鼓起勇气和丈夫说出了自己的想法。本来，她以为丈夫一定会责怪自己，不同意自己出去工作。

没想到，她的丈夫却高兴地说："亲爱的，太好了！其实我早就想和你说，只不过怕你不高兴，才没有说出来。"

那位女士感到很奇怪，忙问这是为什么。她的丈夫回答说："你知道，这个家庭是我们两个人组建起来，所以我们都有义务为它贡献自己的力量。"

以前，只是她的丈夫一个人在外工作，承担全部的经济压力。有时候他真的希望妻子能够帮他一把。现在，她主动提出愿意替丈夫分担一部分负担，这无疑会让她的丈夫轻松许多。

她的丈夫说："我觉得，这几年主妇的生活让你变得有些颓废，远没有以前做出纳时那么迷人。我更喜欢工作时候的你，因为你是一个出色的职业女性。"

她的丈夫用颓废来形容她，足见做全职太太的她早就失去了往日的风采。然而有事业的女人却不同，她则犹如钻石一样闪烁着光芒，越久则越添光彩！

女人可以不漂亮，但却不能没有自己独立的事业，唯有自己独立的事业才能弥补自身的不足。当你拥有自己的事业时，你的生活会更加充实、更加踏实，自己的人生才能更加真实！

女士们，我想你们现在一定明白了工作对你们的重要性，所以我知道你们现在一定下定决心要给自己找一份工作。当你融入自己喜爱的工作之中，你就会体会到工作的乐趣，并散发出一种成熟的魅力。

每天留出 10 分钟读书时间

莎士比亚曾经说过:"书籍是全世界的营养品,生活里没有书籍就好像大地没有阳光,智慧里没有书籍就好像鸟儿没有翅膀。"

简·格蕾,曾经一度登上英格兰王位,她是一个非常有智慧的女性。在她年轻时,有一天坐在家中窗下沉迷地读书,她已经完全被柏拉图对苏格拉底之死的美丽描述所吸引。

她的父母亲都在花园里狩猎,花园里充满了狗吠声。然而这丝毫没有影响格蕾的兴致,她似乎已经进入书中的那个世界了。

一位来访者看到格蕾后非常惊异,她不仅没有参加他们的游戏,而且还能专注地徜徉在书海,真是一位与众不同的女子。

格蕾却平静地说:"我认为,他们在花园里的快乐,只不过是我从柏拉图那里所获得的快乐的影子罢了。"

读书是一种心灵的活动,女性的心灵会在哲思中一天比一天愉快年轻。女人离开书本就会失去活力,失去风采。

因为书能够让女性变得更加美丽,更具吸引力,更具有内涵。有人说书就像微波炉,从里到外都在为人们的心灵加温。随着温度的升高,人的思想越活跃,越能体现出独有的内涵,展现超凡的魅力。

凯瑟瑞娜是美国著名的女演员、作家。她不仅演技精湛,而且在写作上也颇有建树,多部作品都获得了重要奖项。

小时候凯瑟瑞娜住在贝弗利山庄，当时她的家人为她办了一张借书证。那时候的小孩也没有信用卡之类的东西，所以借书证就成为她唯一的"个人证件"。

凯瑟瑞娜非常珍视它，把它放在装有 1 美元 4 美分的钱夹里。借书证伴随着她在图书馆的一次次借阅，也伴随了她成长。

凯瑟瑞娜的母亲是一个非常喜欢读书的人，她和父亲给凯瑟瑞娜买了很多她喜欢的书，从小她就对读书有一种特别的偏好。

当时凯瑟瑞娜父亲的一位朋友帮她订了《炉边剧场》，那时她 12 岁，这本刊物对凯瑟瑞娜喜欢上表演有很大影响。

后来读的一些小说，也对她的人生观影响很大。在大学里，凯瑟瑞娜最喜欢的课程就是比较文学。在学校时，她最喜欢去的地方依旧是图书馆。她说："很多好书都是在图书馆读到的。可以说，读书对我一生的工作和生活都是不可或缺的。"

当代许多成功女性在回顾自己的成长道路时，常常将人生一些最真诚、最辉煌的瞬间和感悟与一本或几本好书联结在一起。一本好书能够给予一个人最初的人生启蒙甚至终生的影响，这有多么神奇！

女士们，从书中我们能找到人类的大部分成就、知识和智慧。书中的知识正静静地待在图书馆、书店或是朋友的书架上。它们正等着我们去学。

通过书，我们能够同那些伟大的心灵做心与心的交流；通过书，我们能够回顾历史、展望未来，我们可以穿越时间与空间的限制，活在真实的世界里。

生活中热爱读书的女人也大都生活情趣高尚，很少去叹息忧郁或无望地孤独惆怅。因为她们懂得与其停在那忧郁的事情里，不如使自己从忧郁的境遇中解脱出来，让自己活得快乐。

我不相信一个不喜欢看书的女人会是充满智慧的。没事的时候，去书店逛逛，认真挑几本可以提升自己的书籍买回家后阅读，不管是名著还是理财方面或是励志方面的，都有值得我们学习的地方。

读书可以丰富人的思想，滋养人的心灵，让女人以更加智慧、更加优雅的方式去生活，而且读书还为女人的美丽增添了厚重的文化底蕴和质感。选择一本好书，它能够教会人很多哲理，并让你学会以一种平和的心态去迎接生活的痛苦或快乐。

正如一位女作家所说，或许获得美丽有多种途径，但阅读是其中有效的、最不昂贵的、不需求助他人的捷径。

每天留出 10 分钟的时间读书,能使女性更加优雅,更加具有内涵。爱读书的女性能及时整理自己纷繁的思绪,能理智地处理人生遇到的问题,也能不断提高自己的修养。

女士们,无论走到哪里,遇见谁,无论过着怎样的生活,请让书与你相伴。那是你一生的挚友,一生的导师,一生的滋养品。

爱丽尔女士的几个建议

各位女士，你们一定要学会储蓄自己的金钱。因为只有这样，你才能踏踏实实地生活，并且在一些危机到来的时候从容应付。

埃琳娜女士是我的一位朋友，在20年以前，她嫁给了一个爱尔兰人。这个爱尔兰人有一个习惯，那就是每个月必须把一定数量的薪水存到银行。

那时候埃琳娜女士和丈夫的薪水都不高，如果又要攒下一部分，日子会过得相当艰苦。为了省下一些钱，埃琳娜在买日用品的时候想尽办法省下每一分钱。

而她的丈夫则要每天步行半个小时去上班，以便每月省下几十块钱的公共汽车费用。在开始的时候，埃琳娜非常不适应，为此，她和丈夫吵了很多次架。

但是埃琳娜女士的丈夫是一个非常固执的人，他坚信自己的做法是正确的，所以绝不让步。

埃琳娜这样评价过自己的丈夫："他宁可在中央广场脱光衣服，也会坚持自己的理财计划，所以我只能向他让步。"

不过，三年后，她就改变了自己的想法，转而非常赞同自己的丈夫。三年之后的美国遇到了经济危机，经济状况非常不景气，很多家庭都受到了影响。

有的家庭因为没有积蓄，连一日三餐都成了问题，不仅陷入到了困顿之中，有的人甚至因此而自杀。

但是埃琳娜女士因为在这三年里积攒下了一些钱，所以能够照样像以前那样生活，几乎没有受到任何影响。

那么，在积蓄自己的金钱方面，我们应该怎样做呢？我曾经拜访过理财专家爱丽尔女士，她给出了以下几个建议：

第一，把每年收入的至少1/10储蓄起来。

我想很多女士都想过这个问题：每个月应该储蓄收入的多少才合适呢？如果储蓄得太多，则自己留下的钱不够花，无法保证生活的质量；如果储蓄得太少，则失去了储蓄的意义。

爱丽尔女士告诉我，每个月至少把自己收入的1/10储蓄起来，如果收入较高的话，可以多储蓄一点。这样，既可以保证自己的生活质量，又可以攒下一笔钱。

其实这个方法埃琳娜女士就一直在用。现在，她每个月把自己收入的2/10储蓄起来。这样，一年下来，就会有一笔不小的积蓄了。

当然，如果你的收入比较多的话，你也可以多存一些，只要不影响到自己的生活水平就好。

第二，准备一笔账外或者紧急用途的资金。

在生活中，我们经常会遇到一些不测以及紧急事件，例如失业、结婚生子等。这都需要一笔额外的费用。

所以，各位女士，你们应该至少存下1～3个月的收入，以应付这些突发事件。

第三，让理财成为全家人的事。

很多女士都有理财的意识，但这是不够的。试想一下，如果你竭尽全力地省吃俭用，力求节省每一分钱，但是你的丈夫以及孩子却不懂得节省，你照样不会攒下很多的积蓄。

所以，你在执行预算计划的时候必须得到其他人的配合，并且在生活中向他们灌输理财的观念。

第四，考虑买人寿保险。

爱丽尔女士曾经是美国人寿保险协会的会长，对所有女士来说，她的话代表了人寿保险专家的看法，非常具有权威性。

当我去拜访她的时候，她建议每一位家庭主妇都想一想以下的问题：

你清楚如果购买了人寿保险，你的家庭能够得到哪些基本需求吗？你清楚一次付款以及多次付款有什么不同吗？它们各有什么好处呢？你知道人寿保险有什么双重的目的吗？

　　这些问题，以及相关的一些问题，对于你的家庭来说，是非常重要的。金钱当然不是万能的，但是如果你能够聪明地运用手中的金钱，那么就可以给你以及你的丈夫带来更多的安宁以及幸福。

　　因此，你应该考虑为自己以及家人购买人寿保险，这对于你的将来以及幸福非常有好处。

承担责任,是女人变成熟的标志

在我的小女儿唐娜刚学会走路的时候,一天,她把一张小椅子搬到厨房里,并爬到上面,试图去够冰箱里的东西。

见此情景,我急忙冲过去,担心她不小心摔下来。可是我最终还是慢了一步,她结结实实地从椅子上摔了下来。

我赶紧扶起她来,看看她摔伤了没有,她一边哭,一边朝着椅子狠狠地踢了一脚,十分生气地骂着:"都怪你,破椅子,害得我摔倒!"

小孩子比较任性,本来是她自己犯了错,她却把责任迁怒于其他的人或事。而且她们甚至认为这种行为是非常正确的。

一个人迈向成熟的第一步便是勇于承担起自己应负的责任。的确,推卸责任往往比承担后果要容易得多。

从古至今,很多人都喜欢推卸责任,把自己的过错推卸到别人的身上。就连亚当也曾经对夏娃说:"如果没有你的诱惑,我是不会吃禁果的。"

但是对那些希望自己并不仅仅是年龄增长,更要不断达到心灵成熟的人来说,则必须直面生活中那些自己应负的责任,绝对不能在遭受挫折和犯下错误的时候,像个小孩子一样把所有的责任都推卸给别人。

我们已经长大了,不再是小孩子了,所以我们要直面人生,对自己的行为负责。很多人总能为自己的缺点或不幸找各种理由,却从来不去找自身的不足。

我曾经给我的学员上过一节培训记忆力的课程,主要内容就是记电话簿里的人名。下课之后,一位女学员找到我,说:"卡耐基先生,我根本就记不住电话簿上的人名,我完全做不到。"

我问她:"为什做不到呢?"

"遗传!"这位女士非常肯定地说,"我的家里,没有一个记忆力好的人,所以我记不住电话簿完全是遗传了父母的基因。"

我毫不客气地说:"女士,这和基因完全没有任何关系。这只是因为你的懒惰。与提高自己的记忆力相比,责怪你的父母则要容易得多。我马上就验证这一点给你看。"

在我的帮助下,这位女学员,花了不到五分钟就记下了电话簿上所有的人名。这令她非常吃惊,她感激地看着我。她说再也不说自己的记忆力不好了,也不再责怪父母把不好的基因遗传给自己了。

对那些不成熟的人来说,他们似乎永远都能给自己的错误和不幸找到开脱的理由,从来不从自身找理由。一个成熟的人,从来不会怨天尤人,而是直面自己的人生,勇敢地承担责任。

支撑一个家的最佳人选,有百分之九十以上的是女主人,她们每天都待在家里重复着几乎一样的无聊工作——煮饭、扫地、洗衣……还要教育孩子的一切,还要让丈夫感到家的温暖。

不仅是这样,她们还想为家里的生活水平再提高一些,要到外面工作,整天忙里忙外的,时不时丈夫还要发点牢骚,还要把他当作孩子来哄他开心。

她们为了家而劳累,她们任由风雨吹打而默默奉献,这时候最能体现她们的责任心,她情愿自己多受一些苦,多承一些累,而能让家庭幸福快乐,这样她们就会满足了,就会幸福。

我觉得成熟且有责任的女人非常伟大,因为她们的幸福快乐是建立于别人的幸福快乐的基础上的。她们就是我们心中的完美女人了。

大多数的男人都不喜欢没有责任心的女人,而会去选择有责任心的女人。当他们看到女人的一种责任心特别强烈的时候,他们会感觉到女人的温柔和善良,而她们的温柔和善良会让男人无限地疼爱她们。

女士们,你们都希望自己能够迅速地成熟起来,而这个社会也需要这样的人。所以,在今后的日子里,你们要对自己的行为负责,要勇于承担责任。最终你们一定会成为一个成熟有魅力的女人。

能干而不失女人味的秘诀

泰勒小姐,是我的一位女学员。这几年一直跟着我学习。她和他的男朋友非常亲密,两个经常一起来上课,我非常喜欢他们。

他的男朋友是一家大公司的副经理,事业非常成功。他曾经对我说:"泰勒真是一个充满魅力的女人,我非常爱她。"

和泰勒小姐接触过的人都知道,她是一位非常能干并且非常要强的人。

在工作的时候,她绝不允许自己输给任何人。如果自己在某方面有不足之处,她就付出更多的努力。

所以,她很快就获得了公司经理的信任,不断地提拔她。而她也确实没有让经理失望,在每一个岗位上都做得非常好。

可是几年前的她并不是这样的,那时候的泰勒小姐在工作方面做得相当出色,但是在爱情方面却非常不顺。她先后结交过两个男朋友,但最后对方都和她分了手。

后来他认识了一位叫作萨尼的男人,两个人火速进入了热恋期。但是仅仅过了一个月,她就哭着对我说:"卡耐基先生,我和萨尼分手了。"

我当时非常吃惊,萨尼和她的关系一直很好,而且我还和他们在一起吃过一顿饭呢。我问泰勒小姐:"你们为什么分手呢?是不是吵架了呢?"

泰勒小姐摇了摇头说:"我们从来没有吵过架。"我更加迷惑了:"既然没有吵架,那你们为什么要分手呢?"

泰勒小姐擦了一把眼泪说:"我也不知道。这些天我们的关系一直很好,但是昨天下午萨尼告诉我，说我们在一起不合适。"

这让我非常疑惑。我先安慰了一下泰勒小姐，然后在某天晚上，我找到萨尼，问他为什么和泰勒分手。

我对萨尼说："泰勒是一个非常能干的女孩，谁要是能娶到她真是一生的福气，我真想不明白，你为什么要和她分手呢？难道你认为她不够出色吗？"

萨尼摇了摇头说："卡耐基先生，你说的没错，萨尼的确是一个非常能干的女孩，但是正因为她太能干了，我感到了很大的压力。"

他们在一起的时候，泰勒不像萨尼的女朋友，而是像他的领导，每当他们计划做一件事，她总是那个发号施令的人。就算他们一起去吃晚餐，也都是由她点菜，根本不询问他的意见。

大凡男人和女友在一起，总是希望自己能够当一个护花使者，帮自己所爱的人叫一叫出租车，或者在吃饭的时候帮她们拉好椅子、脱下外套，但是泰勒从来不给萨尼一次机会，她总能独自做好这些。

萨尼最后说道："和她在一起，我感觉自己很失败，也很有压力。卡耐基先生，我不知道你是否能够理解我。"

说实话，我是非常理解萨尼的。在很多男士的意识里，都希望自己能够充当一个保护者的角色。但是非常悲哀的是，现在很多女孩都非常能干，甚至在某些方面完全能够超过他们。

所以，在和这样的女孩交往的时候，他们会感到自己非常失败，并且压力非常大。

各位女士，看完泰勒以及萨尼的例子，也许你们会觉得，现在出来工作的女孩真的有些可怜。

一方面，她们要努力工作，追求成功；而另一方面，又要时刻提醒自己具有女人味，多给男人表现的机会。的确，现在的女士们都面临着这样的问题。

不过这个问题也不是很大的问题，可以轻松解决。至于解决它的方法就是：在工作的时候，你充分展示自己的才能，以获得老板的赏识；在下班之后，则要向自己的男友展现女性的魅力，并且多给他们表现的机会。这样，他们就不会感到有压力了，并且会深深地爱上你。

在泰勒和萨尼分手后，我和泰勒谈了一次话。我对泰勒说："女人能干没有什么不好。在工作的时候,你可以尽情发挥。但是在和男友相处的时候,你应该多给他表现的机会,并且多展示自己的女性魅力。"泰勒小姐点了点头,接受了我的建议。

泰勒小姐现在的男朋友是我的妻子桃乐丝介绍给她的。和这位男士相处的时候,泰勒小姐把我的话牢牢记在了心中。在和那位男士出去的时候,她不再发号施令,而是多听从对方的意见。

她还给了对方很多表现的机会,例如让对方帮自己按电梯、叫出租车等等。总之,对方对泰勒小姐非常满意。现在他们俩恩爱又幸福。

如果你想成为一个能干但又不失魅力的女人,不但需要你在工作上完成的出色,还需要你充满女人味,学会尊重男人并且学会赏识男人。这样你就能成为男人心中的女王,获得他们的喜爱和追求。

做梦想的王妃

我们因梦想而伟大，所有的成功者都是梦想家：在冬夜的火堆旁，在阴天的雨雾中，梦想着未来。

威尔逊说："有些人让梦想悄然绝灭，有些人则细心培育、维护，直到它安然度过困境，迎来光明和希望，而光明和希望总是降临在那些真心相信梦想一定会成真的人身上。"

梦想能指引我们前行的方向，具有让人与众不同的魔力。

我非常尊敬的克莱尔女士，现在已经70多岁了，在威斯康星大学任职。但是因为学校对教师年龄上的规定，她不得不从学院退休。

然而恰恰在这个时候，她心底那颗梦想的种子开始发芽。一方面，她面临着退休；另一方面，她期望继续研究，这实在让她左右为难。

没想到峰回路转，瑞德里化验所的制药厂寄来聘书，希望她可以成为公司的顾问，并承诺其可以独立工作。

克莱尔女士接到消息，高兴极了，感觉自己好像年轻了10岁。满腔的热血在她胸口沸腾，她恨不得马上长出翅膀，飞到对方的实验室中去。

克莱尔女士这样兴奋，那么她的梦想究竟是什么呢？原来，她一直希望自己能够研制出可以减轻病人疼痛的特效药。

到了制药厂之后，克莱尔女士马上进入状态，开始了研究工作。当时的环境下，她身边的人都认定减轻传染病痛的灵药存在于泥土中，她出于严谨，希望能通过实验来证明这些猜想。

克莱尔女士准备了 6000 多份泥土，并要在之后的几年里，将这些泥土样品分别放置到细颈实验瓶内互相培养，直到它们生长出那些霉来，才能按照她的计划去做实验，并从这些霉中分离出能够对病菌起作用的物质。

曾有人计算过，她至少需要做 3600 万次实验才能告诉大家真正科学的结果。这无疑是非常复杂而又单调的工作，然而这位老人每天都在一丝不苟地进行着实验。

这样不断重复，直到老人 73 岁的一天，她发现某个实验瓶中长出了美丽的金色的霉。她有种强烈的预感："就是这个霉了。"

接下来，她进行了一连串艰辛的研究工作，终于分离出一种抗生素，正是能够控制 50 多种严重病症的金霉素。老人乘胜追击，很快分离出应用更加广泛的四环素。

只要你有梦想，什么时候开始都不晚。克莱尔女士虽然已经 70 多岁了，但是她并没有停下追求梦想的脚步，她不仅实现了自己的梦想，做了梦想的王妃，她还对医学界做出了伟大的贡献。

梦想需要坚持，它和年龄、身份、性别都毫无关系，它只和你的勇气和行动有关，不管你是谁，想要做什么，有梦想就要有勇气去完成它。

可能有人会说："卡耐基，你是傻瓜吗？现在还在谈论什么梦想，谈什么理想？""难道你不知道在社会上打拼几年，大家会自然而然地变得现实，也学会了不妄想、不理想。"

的确，在某些人看来，梦想不过是虚妄的事情，既不能带来现实的利益，又会惹来众人毫不留情的嘲笑。然而，在我看来，不被现实磨平棱角，而为理想奋斗终生的人，一定是可敬的。

我的同事阿妮塔出生在墨西哥。她的梦想是成为一名优秀的建筑设计师。但是在她十几岁的时候，美国大学的建筑系里还没有接受过任何女学生，所以她的梦想在当时来说简直就是天方夜谭。

但是阿妮塔并没有放弃自己的梦想。而且她的父亲是一个开明的人，想尽各种办法让她自学。后来在美国女权运动的影响下，大学建筑系开始接受女学生，阿妮塔也就成了她所在的大学里第一个学建筑的女学生。

大学毕业后阿妮塔搬到了纽约，她凭借过人的才华和孜孜不倦的努力，在各种设计大赛中频频获奖。

第一次获奖的阿妮塔格外兴奋,当她来到颁奖地点时,发现那个会所的大门口非常显眼地写着:只限男性会员。

阿妮塔非常强硬地告诉会所管理层,我能获得今天这个奖,所付出的努力不比你们任何一个男性会员少!

阿妮塔成了第一个进入该会所的女性,在此之后,只限男性会员的标语也随着社会的改革被拆掉了。

只要你有的梦想,多大的困难都阻止不了你。只要你坚持自己的梦想,你一定会成就更好的自己。你也许就是打破常规的第一人,梦想从来不会歧视你。

所以,女士们也要敢于梦想,勇于梦想,更要善于去追求梦想。我们要相信,未来的舞台究竟有多大,只有我们自己说了算。只有为了梦想径直前行,才有可能到达幸福的彼岸。

梦想的呼唤一直回响在每个人的心中,只是有些人早已被现实打败,不愿意去倾听内心的声音。而有些人凭借着执着的勇气和决心,让梦想熠熠生辉。

女士们,梦想的力量是一种激情,它热切地燃烧,并给人动力。我真诚地希望你们能够树立起一个伟大的梦想,并为之执着、为之努力,竭尽全力实现自己的梦想。

为自己的爱好留下一片空间

无论在课堂上还是自己的书中,我都多次提到我非常喜欢林肯总统。我总是兴趣盎然地和别人讨论这个伟人的生平,而我太太桃乐丝则对莎士比亚有着无比的敬佩之情。

我们互相学习、互相讨论对方心目中的英雄。在我们讨论的过程中,有时候也会起争执,但是我们也得到了许多乐趣。

假如我们只是喜欢相同的东西,比如桃乐丝和我一样非常喜欢林肯,而对莎士比亚表现得很淡然,又或者是我根本不关心林肯而是像桃乐丝一样对莎士比亚怀有热情,那我们就没有讨论的热情了。

由于有着不同的爱好,我们互相拓宽了视野,带给彼此一些有价值的东西。女士们,爱好是上天赐予你们的礼物,是让你的生活更加多姿多彩的法宝。

无论多忙,工作和生活的压力多大,每天都应该抽出一点儿时间来培养和从事一项自己喜欢的业余爱好,做一些自己喜欢的事情。

在不知不觉中,它们不但能够帮你减轻各种压力,而且还可以为你忙碌的生活增添更多的情趣。

作者萨姆尔和艾瑟·科林在《婚姻指导》这本书中,这样写道:"结婚后,夫妻过着非常亲近的生活,他们在一起共同完成每一件事情,结果使他们自己陷入一场旷日持久的单调之中,这种关系越发让他们窒息。"

他们也在书中提出了解决办法:"培养不同的兴趣和爱好可以促进双方关系的

改变，保持婚姻的新鲜和活力。"

然而，在现实生活中，很多女人为了爱情、生活，总是选择牺牲自己。在外像男人一样奋斗着，在内承揽了所有的家务。

难道把家务做好，把孩子照顾好，就真的幸福了吗？不妨问问自己：当初你的爱人为什么会爱上你？你曾经吸引他的东西还在吗？你的兴趣爱好还剩下多少？

一次，琳达和丈夫争吵起来，丈夫说琳达无聊乏味，满脑子全是鸡毛蒜皮的小事。这些话深深地刺痛了琳达的心。

他们结婚才七八年，怎么一切都变得那么陌生而烦闷了呢？以前的她喜欢读书、喜欢音乐、喜欢交友、喜欢旅行、喜欢茶艺，是一个十分富有才情的人，

而且，她还是一个爱情至上的人，大学毕业后，她本来打算考研究生，可是男友一再地恳求她结婚，她就毫不犹豫地嫁了。

后来，丈夫要去读博士，而她又有了孩子，只好在家里做全职主妇。丈夫越来越忙，为了不让他分心，她把家庭的一切都扛在自己身上。

渐渐地，两个人之间所处的环境差异越拉越大，可以沟通的东西也越来越少。琳达感到很委屈：为什么自己做了这么多，他却看不到呢？

她实在接受不了丈夫刺人心痛的话。想想自己的现状，才三十多岁，过的日子却和五十多岁退休的人差不多。

思量了几天后，琳达决定重新追求自己的爱好和事业。于是她找了一个保姆帮忙做家务，让公婆帮忙带孩子。

她自己"重操旧业"，去茶舍上班了，因为她喜欢闻茶叶的清香味，也喜欢茶舍这样安静清闲的地方。

工作中，她结识了许多有品位的朋友，这让她觉得世界好像变大了。几年后，她已经成了这间茶舍的经理，偶尔闲暇时，她也会在店里、在家里品茶。

当她给丈夫介绍茶艺时，丈夫的眼神里有欣赏、有尊敬，而她更是从骨子里散发出一种自信。因此，女性该给自己的爱好留一片空间，让自己在喜欢的天空飞翔。

不管是恋爱阶段还是婚后，两个人在一起都应该是让彼此更加独立、更加快乐，而不是谁为谁放弃自我。

有人说，在一起的两个人就如同两个交叉的圆，交叉的那部分就是彼此可以分

享的领域，没有交叉的部分就是个人成长的空间，让彼此保留原来的个性与空间，这样才会有长久的吸引力。

更重要的是，当女性保留自己的爱好，有自己的精神领地时，她会生活得更快乐，也会更加自信。即便是人过中年，那份心灵上的富足所折射出来的美也是闪亮耀人的。

教养是女人永恒的气场源

我的一位朋友,克丽丝,是一位中年主妇。最近她察觉到自己的丈夫经常夸奖他的女助手,这让她的心里很不舒服。

于是她开始怀疑起自己的魅力了。她心想一定是自己年老色衰,而丈夫的助手却貌美如花,丈夫很有可能会移情别恋,她有些恐慌。她开始频繁地进出美容院,每天梳妆打扮,最后听人介绍还做了美容手术。

尽管这样,她的丈夫却对她美丽的妆容照样熟视无睹,仍旧每天大谈他的那位助手。终于有一天克丽丝沉不住气了,试探着开始打听女助手的背景。

或许是看出了妻子的心思,丈夫邀请克丽丝一同去探望那位助手。谁知见面后,克丽丝大为吃惊。因为女助手既不年轻也不漂亮,而是一位身材有些发福、头发花白的中年妇女。

但克丽丝却被她言谈举止中透露出来的聪慧、自信、乐观和机智所折服,没有人不喜欢她,甚至她自己也抵抗不了她的魅力,十分急切地想和她交个朋友。

通过这件事,克丽丝明白了,言谈举止赋予一个女人的魅力是任何华服和美容术都无可比拟的。

有些女人看上去十分美丽,但言语粗俗、行为粗鲁,往往令男人望而却步;相反,那些相貌平常,但言谈举止富有修养的女人常常能赢得人们的心。

富有教养是道德美的表现,它会随着岁月的流逝、心灵的净化而日益显示出光华。有教养的女性芳香四溢,浸润着我们的心灵。

同时，有教养的女性感情丰盈与独立，懂得在得到与失去之间找到平衡。修养与智慧让她在不同的时刻呈现出不同的状态，一生散发着无穷的魅力。

生活中我们要学会用谅解与和善的态度解决问题。马里兰州的史黛丝女士就是这样做的。

她最近买了一辆新车，但是这辆车在4个月内坏了3次。在我的培训班上，她和我说道："我去了汽车保养厂，没有向其他人一样冲着经理一样大喊大叫，也没有指责他，而是直接坐下来和他详谈。"

走进那位经理的办公室后，史黛丝女士先做了一番自我介绍。然后和他说，她是在朋友的介绍下来这里买车子的。朋友告诉她这里的车子价格合理，服务上乘。

听到这些，经理自然会很开心。然后史黛丝女士就提到了自己的问题，并且对他说："我想你们一定非常重视良好的声誉。"

就这样，经理不但亲自解决了史黛丝女士的问题，还在她的车子进行维修时，主动提供自己的车子给史黛丝女士用。

如果史黛丝女士一开始就对那位经理发火，她可能会感到暂时的解气，但是如果对方难以接受，她的问题还是不能得到解决，反而会与对方树敌。

英国政治家柴斯特菲尔德说："一个人只要自身有教养，不管别人举止多么不适当，都不能伤害他一根毫毛。他自然就给人一种凛然不可侵犯的尊严，会受到所有人的尊重。一个没有教养的人，容易让人生出鄙视的心理。"

教养不是随心所欲，唯我独尊，而是善待他人，善待自己，认真地关注他人，真诚地倾听他人，真实地感受他人。

真正的教养来源于一颗热爱自己、热爱他人的心灵。"己所不欲，勿施于人"，是对教养最好的诠释。

善用优势：做个灵魂有香气的女人

女性的魅力不仅仅来自美丽的外表，更来自丰盈的内心世界。

如果想成为灵魂散发香气的女人，一定要重视自己内心世界的经营，从日常生活的点滴中润泽、滋养自己，让自己由内而外焕发光彩。

我的一位朋友安吉拉说，她最喜欢做的一件事情就是放一段优美的音乐，泡一杯香醇的咖啡，然后让自己沉浸在这种氛围中。

安吉拉很喜欢亲近大自然。一次，她给我打电话，从电话中，我感受到了她的好心情。

电话中她的声音是愉快而兴奋的："卡耐基，你知道吗，我现在在一片绿草茵茵的草坪上。天啊！你知道，绿草和蓝天相连接是一幅怎样的美景吗？"

安吉拉接着说："卡耐基，我相信这真的是上帝的杰作，这是它赐给人类的礼物。不不不，应该是赐予我的独特礼物，因为，在这片绿草茵茵中，只有我一个人。你一定无法想象，上面盛开的小花有多美，我真是太激动了！"

我感受着她内心的喜悦，她的快乐同样也感染了我，让我感受到了快乐。我仿佛能看到她灵魂深处散发的光芒，我似乎能闻到从她灵魂中散发的香气。

我突然之间理解，为什么能从安吉拉身上感受到光芒，原来是一种内在气质，是一种精神的体现，更是来自灵魂深处的绽放。所以，女士们，我们有必要培养自己内在的精神世界。

我曾对来听我讲座的女士们做过这样一项实验：以培养精神的重要性为主题进

行打分，从 1 ~ 10，"1"代表"根本不重要"；而"10"代表"最重要"。

实验结果出来后，果然不出我所料，大部分女士都把培养精神列为"1"，在她们看来，培养精神根本不重要，因为她们都觉得自己没时间，我只能报以深深的叹息。

当我问及其中的一位女士，为什么觉得培养精神不重要，为什么会觉得没时间时，她对我说："这个世界要求女人付出、付出、再付出，如果每天不这么忙忙碌碌，等到年老时，那么，生活就会陷入困窘当中。"

这话说得不无道理，不过，女士们，如果我们只一味地关注外部世界，总有一天，我们的内心世界也会被掏空，到那时，我们的生命就会像失去汁液一样，所以，我们有必要小心呵护我们的内心，充实我们的精神生活，提升我们的灵魂。

我的朋友莱斯努力想让她的母亲放松一些，希望她能多花一些时间为自己做些保养，或者出去旅行，看看外面的世界。

因为在她的印象中，母亲一直都围着家庭转，她把每个人的生活都照顾得很周到，凡事她都能想到前面。看着年华逐渐老去的妈妈，莱斯觉得妈妈有必要享受一下生活。

然而，每当她提起这话时，母亲总会说："会的会的，现在还不是时候，等到以后再说吧。"结果，母亲中风了，全身不能动弹，更不能讲话。

莱斯非常伤心，她曾跟我说："卡耐基，看着躺在床上的妈妈，我心里很难过，妈妈再也不能出去看看了，她拥有的只有时间了。"

我不由得叹息，想告诫所有的女士，当你忽视内心世界和精神发展时，势必会给自己带来不必要的压力和身体疲惫，甚至会发生更糟糕的情况。

所以，当你想要享受精神世界时，不要拖延，赶紧花时间来培养吧。

我们需要精神来给予我们支撑，在最坏的结果到来之前，请不要忽略自己，我们不要让自己始终沉浸在琐碎事务当中，我们要让我们的灵魂慢慢得到滋养。

滋养我们的灵魂，丰盈我们的内心，并不需要多么复杂，我们可以从最简单的事物中找到，如对自然的敬畏，对帮助之人的感恩，对同伴的微笑。

当你怀疑自己是否具有这种能力时，我们不妨把自己想象成一个孩子，以孩子的角度感受这个世界，学会尊重自然和美丽。

当你敞开自己的心扉，亲近这个世界时，你会发现自己可以和周围很好地融合，当然，也能从中感受到世界的美好。

每个女人都是这个世上最名贵的珍宝，只有经过岁月的打磨，才会散发出夺目的光彩。所以，从现在开始努力打磨自己，成为一个灵魂深处散发香气的女人。

活得精致是女人的尊严

美容大师克莱尔玛娜有一个著名的公式："三分姿色＋一分化妆＋二分服装＋二分首饰＋二分手袋＝百分百美人。"

我们都说天生长相占三分，而后天的打扮占七分。这个世界上，没有丑女人，只有懒女人。女人的美丽要掌握在自己手里，无论任何时候都要做一个精致的女人。

唯有选择做一个精致的女子，过有品质的生活，才是让美丽永驻的不二法门！

"什么样的女人属于精致女人呢？"我向女士们提问，每一位女士都会给出不同的答案，不过，我还是能从中发现相同点。

如果只是漂亮谈不上精致，漂亮就像握在手中的沙子，手攥得越紧，从指缝中溜走得越快。

精致不仅是一种美丽，更是一种底蕴，是一种由内而外散发出来的成熟气息，而这种气息是小女孩的美丽所不能比的。

精致的女人，无关乎长相、财富和年龄。即便上了年纪，她们也可以让自己魅力永存，把日子过得活色生香。

多莉在法国留学，她的房东辛西娅是非常苛刻的女人。她在家里给多莉列出了许多条要求，比如洗浴的时间不能超过十分钟，十二点之后不能还亮着灯，不允许穿戴不整洁就进入客厅，家里有客人来访时必须涂口红，等等。

多莉说，她当时真的很不喜欢辛西娅，可是令她感到奇怪的是，周围的人却都说她是一位很好的房东。

有一次，多莉刚洗完头发，坐在床上一边吃面包，一边看招聘消息。辛西娅看到后，径直走了过去，夺下多莉手里的面包和报纸，指责她没有素质，要她离开这里。

一气之下，多莉披散着头发，穿着睡衣，披上外套就走了出去。多莉又冷又饿，出门后就去了一家咖啡馆。

多莉的对面坐着一位法国女士，她的穿着非常讲究，给人一种十分尊贵精致的感觉。多莉有点儿不好意思，因为她的睡衣、运动鞋在那位女士面前，就像是一个卑微的小丑。

多莉突然觉得，如果不是因为自己穿了一件昂贵的外套，这家高级咖啡馆恐怕不会让自己进来。

多莉点了一杯咖啡。服务生离开后，那位法国女士写了一行字，交给了多莉，只见字条上写着：洗手间在你的左后方拐弯处。

多莉尴尬极了，连忙去了洗手间。她想起房东辛西娅刚才对自己的指责，竟然觉得她似乎没有错。

多莉对着镜子照照自己，头发被风吹得非常凌乱，鼻子旁还沾着脏东西，不修边幅的穿着，她平生第一次看不起自己。

稍做整理之后，多莉又回到了刚才的座位上，那位法国女士已经离开了。她给多莉留下了一张字条，上面有一句漂亮的手写法语：身为女人，你要精致地活着，这是女人的尊严。

后来，多莉如愿地应聘到一家时尚杂志社做助理。她得体的装扮以及良好的精神状态给面试官留下了很好的印象，赢得了对方的肯定。

是的，没有人有义务必须透过你邋遢的外表去发现你优秀的内在。必须活得精致，这是女人的尊严。

所以，女士们，从现在开始，做一个值得回味的精致女人，不要再以没有时间为借口，要知道这种借口只能显示你的脆弱和不自信。

上帝赐予女士们女儿身，其实，就是让女士们由内而外地散发着精致和美丽。只要我们热爱生活，那么，生活也会回报我们。

女人的精致和年龄没有关系，不同年龄段的女人可以体现出不同的精致韵味，一些女人，在经历岁月、时间的打磨后，仍然可以散发出迷人的光泽，在众人间独立，释放着淡淡的香气。

女士们，无论身在何处、无论从事哪一种职业，都要成为精致的女人。女人就是一道美丽的风景，而精致的女人则是风景中的风景。

女士们，精致地活着，赏心于己，悦目于人，把自爱当成被爱的基础。魅力就来自于那份大方、淡定与从容。身为女人，你必须活得精致！为别人，更是为自己。

生活需要爱情，
但不仅仅是爱情

第七章

幸福不靠男人来布施

现实生活中，很多女孩在选择另一半时，都希望能找个经济条件好点儿的丈夫，因为这样自己就不用奋斗了。

可是，我看到过很多灰姑娘嫁给王子后，在生活中无法找到光明的音符，剩下的只是惆怅的灰暗。因为嫁个有钱的男人不一定就有幸福的生活，而且他也不一定就只属于你。

有太多的事实证明，嫁给有钱人并不是一种牢靠的改变命运的做法。任何建立在别人身上的理想都像海市蜃楼，华丽却不可靠。

做女人，要靠自己的努力去拥抱幸福，要像蜗牛一样，即使缓慢，也要一步一步地向上爬。而不是把希望全部寄托在男人身上。

任何时候，每位女士都应该谨记，幸福是靠自己争取而来的，自己才是掌握自己幸福的操盘手。

就像一位知名专栏女作家所说的那样，不管一位女性嫁的是建筑工人还是国会议员，她都有能力使自己过得更加幸福。

我的朋友海俪恩在感情方面陷入了两难的选择，一个是她刚确定关系的穷男友莫孜，另一个是向她伸出橄榄枝的成功男士。对此，海俪恩感到很为难。她说："戴尔，我真不知道该怎么选择了。"

海俪恩说，她是喜欢莫孜，可另一位男士看起来是那么的成功，而莫孜却一无所有，住在廉价的地下室里，干着一份不起眼的工作。不过，他非常勤奋，还对她承诺一定会给她最好的生活。

我没有告诉海俪恩到底应该选择哪位男士作为终身伴侣,而是对她说应该与相爱的人在一起,要不即使拥有再好的物质条件,也无法弥补心灵的遗憾。

有时候,女士们常常觉得若是错过了一个经济条件好的对象是一件非常遗憾的事情。的确,如果你选择了相爱的那位,或许这辈子都和游轮、高级派对无缘,可是你却会拥有简单的幸福。

毕竟,有钱人也并不是天天坐游轮,也不会天天参加派对,更多的日子还是会平凡地度过。难道你真的愿意为那短暂的快乐,付出一辈子漫长的时间吗?

海俪恩没有告诉我答案。不过有意思的是,五年后我们在巴黎的街头再次相遇了。看着她的打扮,我感觉她过上了不错的生活。

我祝福她跟她的成功丈夫幸福,她却调皮地眨了眨眼,告诉我她当初并没有选择那位成功男士,而是坚持着跟贫穷的男友一起打拼。

她说那些日子虽然很辛苦,可是只要跟莫孜在一起,就感觉每天都过得充满希望。更让海俪恩感动的是,在辛苦的日子里,莫孜总是挑粗重的活去干,不让她太辛苦。而且他每天回到住处也会抓紧时间充电。

她说:"戴尔,你知道吗?当时我想有这些就足够了。如果这辈子就是这样,我也认了。"不过老天是公平的,只要努力肯定就会有收获。

当莫孜累积到创业资金后,他就开始自己创业,到了第四年已经挣到不少的钱。海俪恩和妈妈的巴黎之行就是莫孜资助的。

对此,海俪恩觉得自己很幸运,还好当初听从了内心的选择,才能过上现在这样幸福的生活。

所以,女士们,千万不要被金钱蒙蔽了双眼,也永远不要期望爱情和婚姻能改变你的经济状况。

要知道每件事情都是需要付出代价的,那些真的飞上枝头变凤凰的人背后也定会有不为人知的辛酸,她要不就是年轻的时候陪着丈夫创业,要不就是在豪门的婚姻里忍受着种种痛苦。

如果你们真的对现状不是很满意,那就努力奋斗吧!这个世界上除了奋斗,没有一件事情可以改变你的命运。

任何依靠在别人身上的事情都不会给你带来长久的幸福。要想嫁个成功的男人,女孩们一定要有资本,否则即使给你一双水晶鞋,它也只会或大或小。

即使勉强穿上了,你也会感到痛苦。只有带着一颗纯净和努力奋斗的心,平等地爱着你的爱人,享受着自己奋斗的生活,才能真正拥有属于自己的幸福。

女士们,我们要学会自己给自己幸福。从思想到行动,从内到外,丰富自己,给自己一片更大的天空,只有这样,才会在自己的世界里获得精彩。

他不是你生活的全部

你可以讨论爱情，可以讨论男人，但不能将爱情当作生活的全部，更不能把男人当作爱情的全部。

我的一位朋友，是一位知识渊博、气质优雅的女性。她深爱着自己的丈夫，但是她也没忘记深爱着自己。

她的丈夫常年在外经商，但是他们的感情非常融洽，从来就没有出现过不愉快。有人问她，难道从来就不担心丈夫在外面寻花问柳吗？

她说，我和他的爱从来都是平等的，从接受他那天起，我就给了他信任，我爱他但是我不苛求她。我希望他成功完美，但是我从来没有把自己的一切抵押在他身上，我有什么可担心的呢？

我的这位朋友无疑是聪明的，她知道把自己的幸福寄托在爱情上，这是一种错误的方式，对爱情没有任何好处。

生活中很多女人往往把男人当作生活的全部，她们则成了男人的附属品。而男人通常都是这样：你越看重他、在乎他，他就越不把你当作一回事。

男人希望的是在爱女人的同时，并不失去自己的一方世界，男人在乎的是爱情的默契、宽容和理解。

很多女人在爱情中过分投入，往往失去了自己，以至于有一天醒来，爱情不见了，她的名誉、财富乃至生活也都不见了。

克洛黛尔是雕塑大师罗丹的学生兼情人。在第一次见到她时，罗丹就爱上他了。

同时罗丹的艺术天分也深深吸引着这个纯真的少女。

两个人迅速坠入爱河，而对于克洛黛尔来说，她所做的，就是要投入一生到这场残酷的爱情游戏中。因为罗丹已经有了长期伴侣和儿子，和克洛黛尔的爱只能在暗处进行。

罗丹曾对克洛黛尔说："你被表现在我所有的雕塑中。"从中可以看出，克洛黛尔不仅给罗丹一个纯洁而忠贞的爱情世界，还给了他感悟艺术的一切。无论是肉体的、情感的、心灵的，克洛黛尔把她的全部都奉献给了罗丹。

后来，罗丹名满天下，克洛黛尔却一步步地走向昏暗的人生中。最终克洛黛尔因不堪承受长期厮守在罗丹生活圈外的痛苦，变得精疲力竭、颓废不堪。

她虽然极具才华，却没有自己的生活，离开罗丹的她住在一间破房子里，拒绝在任何社交场合露面，天天默默地打磨着石头。最终住进了疯人院。

因此，任何一位女士，都请不要过度地去依赖身边的人。否则时间一长，就很容易陷入以对方为中心逐渐丧失自我的怪圈中。

各位女士，我们要相信，在这个世界上，没有任何人会是我们生活的全部。就像植物要成长，除却光照，还必须依靠更多来自外界的养分，阳光只不过是它赖以生存的生命中的一部分而已。

然而，大多数女性往往对感情的期望值很高，甚至有一种不屈不挠、执迷不悟的坚韧与痴迷。要知道爱情为女人营造的世界是有限的，如果女人能将身心从一个男人那里尽早转向整个世界的话，那么这个女人的人生必然是幸福充实并且色彩斑斓的。

爱情的多变性决定了它不是生活的全部。因为爱情是虚无缥缈的，说来就来，说走就走；把人生压在爱情的身上，犹如买了海市蜃楼的房子，华丽却不可捉摸。华丽过后，我们还要生活。

对此，我提供了以下几种方式借以消除大多数人的依赖心理：

第一，制定一份"自我独立宣言"，并向你的亲密之人大胆宣告，你渴望在与对方的交往中独立行事。

第二，与你依赖的人谈话，告诉他们你为何要独立行事，并明确你出于义务而行事时自己的感受。这是着手消除依赖性的有效方法，因为其他人可能甚至还不知道你处于服从地位的感受如何。

第三，当你感到在心理上受人左右时，告诉那人你的感觉，然后争取根据自己的意愿去行事。请记住：你的父母、爱人、朋友、上级、孩子或其他人常常会不赞同你的某些行为，但这丝毫不影响你的价值。不论在何种情况下，你总会引起某些人的不满，这是生活的现实，你如果有思想准备，便不会因此而忧虑不安或不知所措，便可以挣脱在情感上束缚你的那些依赖枷锁。

第四，如果你为支配者（父母、爱人、上级或孩子）陷入惰性，那么即便有意回避他们，也还会无形中受人支配。

第五，坚持不带任何条件的经济独立，不向任何人报账。你如果得向别人要钱花，便会成为他的奴隶。

第六，承认自己有保持私密的愿望，不必把自己的所有想法和经历都告诉某人。即便是你的伴侣，你也应该持有自己的独特而与众不同，如果事事都向对方禀报，那你将更加没有选择可言，当然也就脱离不了对方的掌控。

第七，记住：你没有为别人高兴的义务。你可以在与别人的相处中得到真正的乐趣，但如果感到有义务让别人高兴，那你就失去了独立性，就会因别人不高兴而愁眉苦脸；更糟糕的是，你会以为是你使他不高兴的。你应该对自己的情感负责，在这一点上人人如此，毫无例外。除了你自己以外，谁也不能控制你的情感。

第八，不要忘记：习惯并不是做任何事情的理由。不错，你以前一直服从别人，将对方绑定为自己生命的全部，但却绝不能因此再继续依附他人。

别把单身的日子不当回事

每个人都应该花费一段时间过一过单身的生活。这样你才能和自己单独对话，更明白更清晰你现在想要什么，不想要什么。哪些事情是好的，哪些事情是不好的。

朋友辛蒂的丈夫是个非常忙的人，有时在聊天的过程中，一个电话打来，就必须马上离开。

只有在结婚纪念日这样的重大日子，她和丈夫才有一段完整的时间黏在一起。虽然他们结婚还不到一年，爱情的温度似乎已经降了许多，辛蒂觉得丈夫对她冷淡了很多。

她心头不禁怀疑：一个总是不在身边的丈夫可靠吗？他是不是不再爱我了呢？

然而，对方在时间陪伴上的缺席，并不意味着不爱，关键在于对"爱"的理解：有人认为爱情要像连体婴儿，我中有你，随时随地都要出双入对。也有人认为爱仅仅是两个人感情的维系，并不意味着需要时时刻刻陪伴在身边。

我告诉辛蒂，一味地患得患失并不能解决问题，焦虑或者怀疑只会让你把对方推得越来越远。当对方不在身边时，你更应该拿出这部分时间来好好充实自己，过自己喜欢的生活，或者尝试去做以前一直想做但是从来也没有做的事情。

在这之后，辛蒂改变了很多，她不再试图把目光黏在自己的丈夫身上，而是聚焦在提升自己方面。

她在游泳俱乐部里面办了一张卡，每周都会游上一两次。为了弥补幼时没能学习钢琴的遗憾，她还找了个家庭教师，专门负责教自己钢琴。

如今，她已经能够熟练地弹奏高难度的乐曲了。

"单纯做一个家庭主妇是一件非常枯燥的事情。"她笑了笑，又道，"好在我已经学会了安排自己的时间。在对方不在的情况下，自己也能够过得愉快一些。"

辛蒂在生活中找到了乐趣，不再将精力放在虚无缥缈的怀疑上，充分利用闲暇时光，过自己喜欢的生活。她的婚姻也一直保持稳定。

一个人的日子里最重要的是把你的生活过成你所喜欢的样子，在生活里做你自己，不用刻意去满足谁的标准，不用被突然的闯入者打乱原有的心绪，不用痛苦着非要舍弃些什么。

你只需融入其中，上帝自由安排。心理学家玛丽·弗朗斯说："现代人比以前活得更加长久，而婚姻关系则变得更加脆弱。每个人或多或少都会经历一段单身的岁月。"

单身的心态不同导致心理状态也不同。每个人单身心态的不同也决定着他们单身的状态。不管是欣然步入单身旅程，还是为上一段感情黯然神伤，其中的过程都能让你重新认识自己。

你也可以用这段时间好好思考自己的人生，包括你的目标、你的期待。这些对自我的探索，将会极大地改变你的人生态度，给自己开启一段崭新的生活。

在《性和单身女孩》一书中，作者海伦·布朗在里面讲到该如何享受婚前的生活以及租公寓，对付已婚男人、做指甲等实用的技巧。这本书包罗万象，是一本切合实际的女性单身指南。

海伦成了《大都会》杂志的主编之后，在她的推动下，涌现了一批女强人。这些女孩子们从小城镇里来到大都市，她们经济独立，换工作、搬家频繁，思想独立；她们自尊自爱，又懂得怎样巧妙地施展个人魅力；她们还会不断地取悦自己，让自己快乐自在。

在女强人的示范下，众多城市女孩开始走上了这条享受单身生活的道路。这些女孩子像男人一样战斗在岗位前线，雷厉风行，凭借着高超的手段，在职场上站稳了脚跟。她们在生活中则表现得潇洒自由，无拘无束。

无论你是处于以上的哪种情况，是在婚姻中被冷落，或者已经结束一段婚姻选择重新开始，又或者是正在享受单身生活，以后也没有步入婚姻殿堂的打算，正确的做法就是让自己过得充实快乐。

　　单身生活拥有更多的闲暇时间，不管你是否觉得时间太过漫长，太过孤单，你都应该正确调整自我，让自己适应新的单身生活，并提升自己的生活品质。在单身的日子里，你更应该好好地宠爱自己。

不管嫁与不嫁，都要自食其力

我曾经在书上看过一段话："一个女人，你永远不知道生活前方等待你的是什么，永远都要记住一点，能养活自己至关重要。"

虽然我非常同意女人花男人的钱是应该的，但是，这并不代表你就可以没有自己的工作，事事都依靠别人。

身为现代女性，如果没有自己的工作、没有奋斗的目标，就等于没有思想。工作是女性安身立命的基础，也是人生幸福的重要保障。

没有任何人是可以靠得住的。我认为，能够自食其力的女人在男人面前才更有尊严。

法如克和丽娜是一对恋人。恋爱时，丽娜才刚刚毕业，而法如克已经工作了好年，在事业上也小有成就。

由于法如克拥有自己的房子，丽娜一毕业就有了"去处"。她没有多想，就搬进了他的家。

丽娜从小就比较任性，而法如克的脾气也不好，两个人在一起后，经常会因为一些鸡毛蒜皮的小事吵架。

有一次，他们吵得很厉害，丽娜一气之下背着包就跑了出去。她一边跑一边哭。在这个城市里她无依无靠，最后她走进了一家旅店，在那住了一晚，那晚她彻夜未眠。

丽娜想到了之前了有房子住，有车子坐的日子，感觉这一切似乎都不太真实，这些没有一样是属于她的，根本与自己无关。

丽娜白天还在屋子里看电视,听法如克甜言蜜语地说"亲爱的,别去找工作了,我能养活你",晚上却成了无处可去的人。

在这样一个特殊时刻,她忽然清醒了许多。她终于明白,女人无论嫁与不嫁,都一样要自力更生,都要有自己的生活。

第二天,丽娜就开始四处找房子。最终她找到了一间合租的、便宜的小屋。然后她就开始投简历,找工作。虽然过程很辛苦,可是她觉得很踏实。

最后,一家公司录用了她。经过她的努力奋斗,在工作上还算小有成绩。有几次法如克劝她辞职,让她搬回去住,她都没有回应。

他们之间还保持着恋人的关系,只是法如克的那份傲气似乎少了许多。

丽娜现在觉得工作是一件幸福的事。因为有了工作,她就可以随意支配自己的钱,即使是租来的房子,也是自己的"家"。

而且她还可以在工作中找到自己的价值,更重要的是,工作可以让自己挺胸抬头,不用靠任何人就能养活自己。丽娜变得越来越开朗自信。

在现实生活中,女性只有经济独立,才有本钱谈人格独立。一个丧失了独立生存能力的女子,就像是透明蜜罐里的蝴蝶,透过玻璃看外面一片光明,可实际上却无路可走。

有人说,女人一辈子最大的事业是家庭,女人把家庭经营好了,就一切都能好了。然而在我看来,在女人的一生中,不但要面对男人、父母、儿女,还要有自己的事业。

在婚姻中,有自己工作的女人更容易与丈夫有共同的语言,有平等的地位和权利。这份工作未必要多么体面辉煌,不一定要赚多少钞票,不一定要让别人认可,可只要自己有个目标,或者有个期盼,就都是自己经营的事业。

也许你并不缺钱,也许你嫁了个有钱的老公,也许有人愿意养你,但一份工作,带给你的不仅是钱,更是独立的人格。

不管你挣多挣少,至少你有自己的朋友圈子!在家做家务整天围着老公、孩子转,会让你越来越失去自我,会让你和这个世界脱轨!

感情是把心交给别人掌握,而事业才是牢牢掌控在自己的手中。就算有一天全世界都抛弃了你,至少你的事业不会将你抛弃!

因此,女士们,一定要有自己的一份事业,即使以后爱情没了,至少还有份事业,要是只有爱情而没有事业，那爱情没了就会一无所有。

生命的路程很长，在这一路上，有一份自己喜欢的工作陪伴着自己，想想都会觉得是一件幸福的事。就像一位学者曾经说的那样：工作不仅是谋生的手段，也是享受生活的一种载体。

在这份工作中释放自己的追求，能让你品味到意想不到的快乐。总之，女性不能依附男人生存，一定要自食其力，做一个自由的女人，只有这样的女人才能由内而外散发着青春和美丽。

独立是女人的另一种风情

当一个女孩可以不依赖任何人而潇洒风雨人生时,那么她便是跻身到女人的行列了。这个时候的女人是充满魅力与成熟的,而且又集独立于一身。她们无时无刻不散发出迷人的光彩,让各位男士欣然向往。

我的夫人曾经在写给女性的著作中提到,不论是家庭主妇还是未曾踏入婚姻的女性,独立是保持自我魅力的一种天然剂料。的确,在一幅幅同样迷人的女性风采画面中,独立的女人就像是一道别致昂然的风景图,让人心仪。

我的一个女学员曾受困于多种冲突而感到迷惑不解。原来,她丈夫是一个有野心、积极进取并有点独断专行的成功律师。他们的社交圈子大都是由与她丈夫类似的那些以社会名望和成就来衡量人的价值的所谓名流组成。

但是因为这位女学员性格本就文静、谦虚,所以在这种圈子里,她只感到压抑和受轻视。那些人压根没人欣赏她所具有的优良品质。

为此,她变得越来越沮丧,越来越不自信,因为她感觉自己不能达到那些人对她的要求,她变得越来越不喜欢自己。

我曾经对这位女学员说,其实她大可不必如此苦恼,她的问题并不在于如何委屈自己去适应环境,而是在于她如何接纳自己:快快乐乐地接受真实的自己,摆脱想要成为一个完全不同的人的压力。

她还应懂得"天生我材必有用"的意义,明白每个人都只能依照自己的性格行事的必要性。明白了这一点,她才会对自己恢复信心。

于是这位女学员决定重新肯定认识自己，不再用别人的标准来判断自己。并且还逐渐地建立起属于自己的价值观，并把它应用于生活，同时学会了独处，减少自我挑剔。

对于任何问题都怀有一种独立的认识和见解，会让女性绽放更加夺人的光彩，因为拥有独到的见解是女性身上一种无价资产。

试想一下，当男人工作繁忙在外，回到家却能安心享受女士们打点好的家庭和谐的氛围，无疑不是一种纯天然的放松享受。拥有这样一位让自己省心的妻子，他会想自己是多么的幸运。

纪伯伦曾经在《论婚姻》中说过："在合一之中，要有间隙。"琴弦虽然在同一的音调中颤动，但每根弦却都是单独的，这样才能演奏出美妙的乐曲。

婚姻是一对一的自由，一对一的民主。不要偏执地认为"你是我的"，那样就会使自己的爱巢变成囚禁对方的监狱，里面的人十有八九想越狱，只是看他有没有胆量而已。一首古老的法国歌曲唱道："爱是自由之子，从不是统治之后。"

由此看来，婚姻的本质也是两个人在精神上的独立。即便是由单个的个体合二为一，女性和男性也应当保持一份意识上的独立。

尤其是女人，不要陷入婚姻中的枷锁无法自拔，任何时候，都应该仰头找到那片属于自己的天空，这样才能得以最自由的呼吸。

我的培训班上曾经有一位女学员，在一次餐宴上与一名比自己大三岁的叫作斯达夫的小伙子一见钟情。

仅仅只过了半年时间，这名女学员便嫁给了斯达夫。她非常爱他，并且对斯达夫是百依百顺。几乎每时每刻，她都依赖于自己的丈夫。

婚后不久，这名女学员为了迎合斯达夫的兴趣爱好，强迫自己去看其实自己一点也不喜欢的足球比赛，甚至在任何事情上对斯达夫也是一副唯唯诺诺之相，凡事都看斯达夫的脸色行事。

但让她万万没有想到的是，在他们结婚刚一年的时间，斯达夫在外面就有了情人。她万分痛苦并且毫不明白自己究竟错在哪里？她是那么爱他，对他那么好，为什么他还要去喜欢别的女人呢？

生活中，往往备受男士尊重的女性，其实都是那些独立自主不过分依赖男人的女性。然而现实中,大部分女性总是习惯将物质生活和精神生活弄混淆,甚至将自己定义为弱者毫不犹豫地依附他人。

事实上,女人拥有属于自己的空间和生活方式,才能为自己增添更多的神秘色彩。这样才能彰显自己是独立的行为个体,而不是男人身边简单的附属品。

如果我们想要自己最能获得幸福,那么就请把自己调整到一个适度的空间吧。两个人在一起既要相守,也要让彼此独处。而在婚姻的土壤中,让两棵个性之树自由成长,才能收获幸福的果实。

所以,各位女士,请自由地成长为一棵大树吧,不要成为那依附于树荫下欢唱的鸟儿,这样才不会因为束缚了自我,而看不到更高的天空。

女人财务独立，离开谁都能过得精彩

越来越多的女性崇尚独立，而独立要靠财力支撑。所以，经济独立已经成为现代自由女性的一个重要标准，当你不再完全依附于男人，才能成为真正的自己。

我的一位学员卡莲娜告诉我："卡耐基先生，女人天生就是为家庭服务的，家庭才是她们真正的事业，我们想成为好妻子、好母亲，这些都是上帝赋予的角色，而我也相信，家庭才是女人最后的归宿。"

也许她希望我赞同她的想法，也许这些想法无可厚非，但是，我想说的是，女士们，当你们把所有的希望寄托在家庭上时，你们将失去什么？而失去的那些真的就那么不重要吗？

在现实中，我们见过太多的女人，她们都期盼自己的老公能赚取更多的金钱来支撑整个家庭；她们试图通过男人来实现自我价值，靠丈夫身上所散发的光辉照亮自己。

不过，在这里我要告诫所有的女士，这种想法大错特错。要知道，当你失去自我时，是无法依靠丈夫找到自己的价值，找到自己的地位的。

我时常讲，女人应该独立，不能有依靠谁的念头，因为，只有自己才是自己最坚实的依靠，女人只有在经济上独立，才能获得心理上的安宁。

一位父亲教他的女儿如何做一个女人，这位父亲带她的女儿来到高级俱乐部，让她观察那里面的女人是如何和男士相处的。

她看了后若有所思……最后，她和一位优秀的男士结婚了，而她的另一半没有其他的女人，始终只有她一个。那么，她的父亲究竟教给了她什么呢？

她学会了如何鉴赏美酒，她还学会了如何打高尔夫球，她学会了柔声细语地说话，更学会了耐心倾听，当然，她也会在必要时表达自己的意见和看法。

除此之外，她还学会了很多，舞蹈、绘画，她的化妆技巧在朋友圈也很有名，她也拥有自己的事业，虽然不是特别大。

她不会刻意地取悦男人，不过，男士们都很喜欢她，她始终记得父亲的一句话："女人要学会经营自己，这样，情妇也会输给你。"她一直把这句话牢记在心。

很多女人把男人看作自己生命的全部，实际上，这是一种比较极端的生活态度，男人只是女人生命当中的一部分，而在女人的生命当中，也必然要有其他方面的寄托。

女人们要有自己的爱好，要有自己的事业，而不是所有事情都依附于男人。如果完全依附于丈夫，当你失去他时，也就意味着失去全部。

相反，当你有其他方面的寄托时，即便生活中的一部分受挫，你也还保留其他部分，这也就是我所说的独立女人的幸福所在。

弗吉尼亚·伍尔夫在《一间自己的屋子》中提到，女性必须拥有"一间自己的屋子"，从而可以理解为女性必须争取到经济独立。

女性若想受到男性和整个社会的尊重和认同，不仅要树立独立意识，经济上赢得独立，精神上也要独立，不依附于男性，成为合格的新时代女性。

《圣经》中也说："不要太贫穷，否则会丢了神的脸。"口袋里的自由决定了你一生的幸福，也决定了你脸上的笑容。

女士们，如果你的婚姻是不幸的，那么，当发生金钱纠纷时，受害一方往往都是女人，即便婚姻幸福，也需要保持经济的独立，不要等待危机真正降临时，才不得不面对现实，祈求上帝的眷顾。

所以，我想给所有女士一些建议：作为女人，要尽早经济独立，为没有依赖的日子做好准备。要知道，命运完全掌握在自己手里，只有经济独立才能让女士显得更加优雅、从容。

女士们，上帝不会一直给予我们眷顾，很多时候，需要我们自己把握住幸福，把握住自己的命运，不要幻想谁会成为你终身的依靠，也不要觉得自己身上一无是处。

当上帝把女人从男人的身体中分离开时,也将预示着,女人可以不必完全依附在男人身上,因为我们是独立的个体,我们也可以以昂扬的姿势挺立在阳光下。

要做自己生活、命运的主人,让一切都变得与众不同,让自己时刻散发着迷人、高贵的芳香。

握不住的沙，不如扬了它

普希金写道："一切都是暂时的，一切都会消逝；让失去的变为可爱。"失去，不一定会让人忧伤，有时反而会成就美丽。

我们只有鼓起勇气放弃那些我们无法留住的，珍惜我们拥有的，才能更好地生活。

所以，我们要逐渐学会取舍。若你总是渴望占有，总是期待获得更多，那么，思想上沉重的包袱就会如影随形地跟着你，最终你会被自己的贪婪所击倒。

而你一旦能够懂得放弃的真谛，那么你被填满的心灵就会慢慢空出来，这些空间可以让你喘息，让你享受生活的美好。

我的一位朋友，从哈佛毕业之后去了一家大型企业做咨询工作，有一天她忽然对我讲了这样一件事情。

她说，毕业5年之后她参加同学聚会时，发现大家都春风得意，畅想未来十分欢乐。而10年过去，再次聚会的时候，大多数人都过得并不顺心。

虽然这些人都有了很高的社会地位，取得了相当高的成就。但是她们的脸上早已不见了当年的骄傲和快乐。

有些人的家庭在"冷战"，有的人已经离婚，有一位女士甚至已经结过三次婚，还有一些人甚至走上了犯罪的道路。毫无疑问，她们聪明绝顶，但是她们的生活为什么会发生这么大的变化呢？

后来她又说，一开始许多人都是因为工作环境优越或者薪水不错而选择的工作，可是干了几年之后，她们发现自己干得并不快乐。

但此时的她们已经升职，很多人成了公司的管理人员，重新开始是一件需要勇气的事情，她们只能一拖再拖。

也有的人因为经常加班，经常没有时间陪自己的丈夫和儿女，最终导致家庭不和，过得非常不幸福。

我认为所有悲剧的起源，无非是她们没有将自己的目光关注到最重要的事情上。而她们的眼睛总是停留在那些新出现的工作上，或者其他的事件上，所以抽不出时间来陪伴自己的家人。

女性应该有自己的事业，但不能只有事业，要学会适当地舍弃。但舍弃并不是件容易的事情。

除了生命中的重大问题需要你学会舍弃之外，那些曾经在你生命中占有一席之地的事情，如果已经过期，也要学会干脆地舍弃。

面对那些已经不可能的恋情、不可为的事情，勇于放弃才是智者。只有你重新投入到生活中去，你才能发现新的机遇。

我的一位学员珍妮非常爱他的男朋友，她也特别怕失去他，她小心翼翼地守护着他们的爱情。

她掩盖住自己的缺点，压抑住自己的情绪，处处让着他，滋养着他的臭脾气。可是这样的纵容却让她的男朋友越发变本加厉。

他经常喝酒、赌博、整夜整夜地不回家。珍妮心里难过极了，可是她却任由痛苦自己承受。

一天晚上，珍妮去他的公司等他下班，却发现他怀里拥着另一个女人。一味地忍让只会让爱情完全变质，握不住的沙，不如扬了它。

我们的心灵就像一个巨大的花园，里面盛开着繁盛的花朵。但是，若是不经常打理，那么一些杂草就会疯狂生长，最后反而会把花朵的养分吸收得一干二净。

所以，我们要学会对自己的花园进行定期的"除草"工作——将那些不适合自己的东西从自己的内心驱逐出去。

也许是给你高薪但你并不能从中获得快乐的工作，也许是那些让你头痛不已的人事纠纷，也许是一段已经变了质的友谊、一段已经破裂的婚姻，或者那些已经确定无法挽回的恋爱……这一切,该舍弃时一定要学会舍弃。

只有心灵花园的杂草害虫统统除去之后,我们才能空出自己的时间和精力去做那些有益于我们人生的事情,去做那些对我们真正重要的事情,我们才会感到快乐。当我们在这片土地上播下质地优良的种子时,我们才能收获真正令人兴奋不已的回报。

女士们,你要对自己的生命进行一次彻底的检索,将那些消耗你的精力却无法带给你精神上愉悦的事情清扫出去,对那些浪费你生命的敌人,态度坚决地拒绝,这样你才有余力拓展你的发展空间。

女士们,你要学会松开那些捆紧的背包,把那些你舍不得带走的包袱和拖累你的行李全部都丢掉,这样你才能更加轻松地走完自己的路。只有轻装上阵,你才能走得更远、登得更高、领略到更多的美景。放弃,既是一种积极进取的人生态度,更是一种明智豁达的选择。

单身也是一种选择

莎士比亚说过:"对于一个耽于孤寂的人来说,伴侣并不是一种安慰。爱情与孤独之间,存在着非常微妙的关系。有人因为害怕孤独而选择爱情,却想不到在爱情中越来越感到孤独,最后,爱情形同虚设。"

所以,我们不应该因为惧怕孤独而选择爱情,很多时候,单身也是一种选择。快乐地过好单身生活,说不定哪天会遇到一个"对"的人从而实现自己的"理想"。

在谈到爱情时,一位女士悲观地说,当她了解别人对爱情婚姻的各种观点、看法之后,她才发现自己以前的想法是多么理想化,在这样一个社会里,想要实现自己的想法比见到上帝还难。

她对我说:"为什么我还要期待所谓的爱情?一个人时很孤单,婚姻不过是找到一个伴侣,也许组成家庭并不需要爱情。卡耐基先生,您觉得我说的对吗?"

我相信上帝为每一个人都安排了一段缘分,总有一天他会来到你的身边,而你所要做的就是耐心等待。所以,当爱情没有来临时,我们可以选择快乐地过一个人的单身生活。

一位女性曾经告诉我说:单身女人主要分为两种,一种就是等待爱情的女性,她们没有经历过婚姻,一个人静静等待自己的另外一半。

还有一种就是曾经受过爱情的伤,或者已经经历了爱情分合、婚姻离散的人,她们或许正在爱情中,但是却对这段爱情感到失望。

亲爱的女士们,无论我们是哪一种情况,都要善待自己,要记得打理好自己的生活，心情可以恬淡一些，即便爱情没有到来，抑或爱情已经逝去，一个人的日子也要充满阳光。

我的一位朋友，埃琳娜就是一个恬淡的女人。恋爱时，她曾经爱得轰轰烈烈，全身心地投入到这段爱情中。每次见到她时，她都是满面春风。

她时常对我说："戴尔，爱情真是一个神奇的东西，我仿佛一直都是18岁的心境，两个人的世界是如此美妙。我感受到了从未有过的幸福。"

看着满脸笑容的她，我也仿佛感受到春天的临近，我想恋爱还真是一个好东西。再次见到埃琳娜时，她则有些淡然，我从她脸上看出了不同。

她告诉我："我们分手了，戴尔，我又恢复了单身。"说这话，她没有一点伤心，却多了一种释然，她说："我用一周的时间收拾自己的心情，然后告诉自己，有他的日子是春天，没有他的日子仍然是春天。"

埃琳娜学会了打网球，还被教练夸有这方面的天赋。同时，她在网球馆还认识了许多新朋友，每天都过得很开心。

看着依然开朗的她，我也非常开心，原来，一个人的生活也能如此快乐，她真是一个值得敬佩的人。

在女性的世界里，除了爱情还有很多美好的东西，它们值得我们去为之努力。选择单身不过是选择一种生活方式，如果一个人的日子都过不顺利，那么，两个人的世界里，也不见得会有多幸福。

我一直主张女人要好好爱惜自己，不过，并不是告诉所有的女士要以自我为中心，而是要关注自己的精神世界，无论遭遇怎样的不幸，都应该保持一个好心情。

当你的眼睛不总是盯在一处时，你会看到更多东西，心胸也会变得更为广阔，这个时候的生活、情感都会呈现另外一副样子。

如果没有经历过单身，哪会知道爱情的滋味；如果没有经历恋爱后的单身，又哪能寻找最合适的爱情。

女士们，不要辜负我们的年轻与美丽，内心世界的丰盈永远都是美好、温暖的，而这样的女人，即便静静地站在那里，也会引起他人驻足观赏，因为你已经成为别人眼中一道亮丽的风景。

女士们，我们同样也不应该把时间在忙碌中荒废，不妨利用时间，去给自己煲一碗汤，为自己泡一杯咖啡。你可以在运动中释放自己，也可以选择带上行囊到处旅行，哪怕只是独自一个人做这些事情。

相信自己，当你坚持下来时，你将会发现单身的时光还能如此美好。享受你的单身生活，这样才值得拥有这世间最美好的爱情与婚姻。

建立共同的爱好会令爱情更恒久

《婚姻忠告》的作者塞伯和伊瑟克兰，相信幸福的婚姻需要共同的理想。至于理想是什么——一幢房子、一趟欧洲旅行，或是一个大家庭——并不重要，重要的是夫妇二人能共同分享一个属于他们的共同理想。

我的朋友尼克·亚历山大从小在一家老式的孤儿院长大，能够考上大学是他一直以来的梦想。但是经济条件不允许，于是他14岁就从中学毕业了，然后踏入社会靠自己的双手谋生。

尼克在最初的那家裁缝店工作了14年之后，幸运地娶到了一个善解人意的女孩——特丽莎，她愿意帮助丈夫圆他的大学梦。但事情并不像想象中的那么容易。

在他们结婚后不久，店里就开始裁员。于是，这对年轻的夫妇便决定自己去创业，他们拿出所有积蓄，注册了一个亚历山大房地产公司。为了充实他们那笔微薄的资本，特丽莎甚至把订婚戒指都卖掉了。

他们开业的两年中，生意十分兴隆，于是，特丽莎更加下定决心要尼克去圆他的大学梦了。终于，在尼克36岁的时候，他拿到了梦想中的学位——这是他人生道路上所抵达的第一个里程碑。

然后，尼克又回到自己的房地产事业上，并成为太太的生意伙伴。这时，他们又有了一个新目标——购买海边的一幢别墅。不久，他们也实现了这个梦想。

现在，这对夫妇从此可以轻松地享受生活了吧？并没有！因为他们还有一个女儿需要接受教育。

如果他们能把商业大楼的分期付款缴清，把大楼变成公寓出租的话，收的租金就能付孩子一生的教育费用了。他们一心一意要达成这个目标，后来，他们终于做到了。

亚历山大太太曾告诉我，他们夫妇目前正在为他们的退休保险金努力。现在由尼克单独主持事业，特丽莎则专心照顾自己的家庭。

爱情是一种建立在男女双方共同情感上的一种感性认识。它在各自的内心形成一种相互依赖、相互倾慕的感情。

所以，我们要想让自己的爱情更为长久，那么就试着去对恋人建立一项共同的爱好吧。因为只有这样，你们才能越处越亲密。

一个妻子，她所能协助丈夫的，便是帮助他找出对生命的真正渴求，然后，他们才能齐心协力去追求，以实现这些有价值的梦想。

漫无目标，是很多夫妻过得不如意的原因。他们茫茫然地找个工作，茫茫然地结婚，然后习惯于平凡地混日子，日复一日彷徨地期盼着事情会自动地发生改变，心中却从没有明确的目标和理想。

"相爱的意义并不是双目凝视，而应是朝向同一个方向。"对有抱负的夫妇来说，这可谓是最好的一个忠告。

威廉·高林翰油料公司是个逐渐受人重视的企业，而我与其负责人威廉·高林翰相识多年，当我向他请教成功的最根本原因时，他的回答说是："制订好一个长期计划并和自己的爱人坚持不懈地努力下去。"

原来威廉·高林翰婚后不久，便开始从事房地产中介生意，介绍房屋买卖，从中抽取佣金。那一段时间，可以说，他们除了成功的信念和埋头工作之外，别无其他可以依赖的后援。

开始的时候，常常是夫人玛瑞丽在这里负责联络客户，威廉则在外四处奔跑业务。那段时间，业务进展得异常缓慢，这对年轻的夫妇不得不对收支精打细算，否则全家便得饿肚子。

终于，当业务有了起色之后，他们便自己出钱购下客户的房子，再转手获取利润。后来，他们就开始销售自己建造的房子。由于经营状况非常顺利，此时，威廉觉得应该投资一些新行业，以开拓自己的经营领域。

经过几次家庭会议，夫妻俩都觉得石油生意最适合威廉去做，因为威廉一直在渴望业务的更快成长，并对从事其他新兴行业的挑战充满信心。为此，"威廉·高林翰石油公司"从此诞生，而夫妻俩为了这共同的爱好而努力奋斗，最终达到了今天的成就。

女士们，只有当你的爱好和希望与恋人达成了一致，那么不管何时，你们之间总会有说不完的话题，探讨不完的事。也只有这样，你们才能显现的更加亲密，感情也才会深刻。

当然，如果你与丈夫之间的兴趣爱好实在合不来也不必勉强自己，因为你可以与丈夫协商出一个能满足彼此兴趣爱好的办法。

夫妻既是一个整体，又是一个互相独立的个体。如果女士们能够试着培养自己与丈夫之间的共同爱好，那么你们的婚姻一定就会有一个强有力的支撑。因为这个支撑去让你们之间的感情更加牢固，也能让两个人的幸福更加深刻久远。

第八章
爱和慈悲,让你的心灵变得更强大

爱是最好的精神食粮

著名的心理学家戈登·W.尔伯特说:"通常情况下,从来不能从别人的爱那里得到满足是普通人能够做得最正确的事。"

爱情的潜力可以和原子能媲美,每天都有爱出现,每天它都能创造着奇迹。爱是精神最好的食粮,所有人的精神都依靠它生存和成长。

我的老朋友基姆的遗孀曾经写过一封信给我。他在信中说到过去的事情。她悲伤地说:"我从来都没有跟基姆说过我爱他,我很需要他。"

人生最可悲的就是失去后才懂得珍惜。现在,那些日子再也不会回来了,基姆永远也听不到妻子想对他说的话了。

路易斯·M.特尔曼博士研究过1500对已婚夫妇。他发现,许多男性认为,妻子不懂得如何表达心中的爱是仅次于唠叨的第二个造成婚姻不和谐的原因。

许多女性能够在大事上给予丈夫很多帮助,却忘记了在平凡的生活中给予他关心和赞美,也忘记了向丈夫表达她们的爱。

她们甚至忘记告诉丈夫,他在自己心中的地位是多么的重要,这通常会让丈夫感到很失望,怀疑自己是不是妻子爱的人。

德罗西·迪克斯是专门研究婚姻关系的专家,他说:"很多妻子都认为丈夫的存在是理所当然的,从不注意他们身上的优点,也不赞美他们;也不会向他们表达爱意。"

生活中甚至有许多妻子埋怨自己的丈夫。这些妻子如此对待她们的丈夫,然后她们还奇怪丈夫为什么会喜欢那些甜言蜜语的女人，其实不仅女人渴望爱情，男人也如此。

密苏里州有一位派科斯丈夫，是派科斯货运公司的老板。他曾说过自己的故事：我妻子在嫁给我以前，家里很富裕，要什么有什么，她也受过良好的教育，有一个快乐的家庭环境。

我们婚后最初那几年，日子过得很艰苦。但是我的妻子却从不抱怨，也从来不给我压力。她的理解和不断激励，一直是鼓励我继续努力的动力。

过去几年来里，她患了重病，但是她从来没有悲观失落，而是一如既往地拥有自信和快乐。即使生病了，她仍然是要帮助我、关心我。

早上，当我要出去工作时，她从不会忘了问我："有没有什么事要我今天办好的？"当我晚上回家的时候，她温柔地问候我今天有没有发生有趣的事。

当男人在外面为了家劳累奔波了一天时，他希望回到家里，看到的是妻子做好了可口的饭菜等着他，一边向他递拖鞋，一边亲切地问他今天累不累、辛不辛苦之类的话。

恐怕这个时候，男人的心里就只有一个想法，那就是连忙拥眼前的妻子入怀，心里想着，为了让你过上好日子，累死我也心甘情愿。

不幸的是，很多女人并不像派科斯妻子那样有智慧，她们一心只想要自己的丈夫超过某位女士的丈夫，有很大的成就，成为她们想象中的那个人，而从不关注丈夫的内心想法。

反而，她们会一直对丈夫说："你真没用！"如果他真的很失败，他的老板会毫不迟疑地告诉他，而不是你来说。

在家里的时候，在吃早餐的时候，在孩子们面前的时候，千万不要贬低你的丈夫。做妻子的你应该勉励他，认为他一定能够成功。

一个女人说出一句经过明智思考的话，可以改变一个男人对自己的整个看法，使他变得更好，并使他对生命产生全新的看法，产生无比的力量。

勇敢地表达对丈夫的赞美和爱，会让你的婚姻越来越幸福，也会让两个人的感情越来越甜蜜。

如果他送了一束玫瑰花给你，带你去大剧院看戏，或许是他每天早上都会倒垃圾，作为妻子的你都应该感谢他的做法。

如果妻子认为丈夫就应该那么做，那么丈夫很快就不会做那些事情。当你的丈夫在默默地做这些小事的时候，你一定要赞美他，并告诉他你爱他。

你一定要让他知道他做的所有事情你都看在眼里，你心里非常感动。曾经有人做出一个恰当的比喻，夫妻之间对爱情的冷淡就像"精神食粮不够"。因为男性不单是靠面包就能存活，有时也需要一块撒了糖的蛋糕——爱的蛋糕。

华威克·C.安格斯写给我的信中说："我可爱的妻子让我觉得我比任何男人都幸福。如果时光倒流到32年前，就算我不知道现在的事情，只要她愿意与我共度一生，我仍然心甘情愿地娶她为妻。"

如果你对丈夫深切的爱让他感到宁静和幸福，那么他也会回馈给你同样的爱。他也会让你们的生活更幸福。

懂得了宽恕，才算是个内心强大的人

我曾经在《人性的优点》中写道："大方豁达的待人态度不仅能给他人带来快乐，也是持这一态度的人获取快乐的巨大源泉，因为它使你受到普遍的喜爱和欢迎。"

我的朋友朱丽叶是家里的老大，小时候家里生活拮据，她的父母忙着工作赚钱，她负责照看两个弟弟、洗衣做饭等任务。

两个弟弟都很怕她，她的父母又疼爱她，因此就养成了她能吃苦受累却不能忍气吞声的个性。

后来她参了军，在部队纪律的严格约束下，部队的一些要求她虽然行动上执行了，可心里却不服气，常常牢骚满腹。

而她真正成熟进步是从学会宽容开始的。她当的是通信兵，搞长途话务，记得刚上机时，负责培训她的是连里比较厉害的一位老兵。

有一次，用户要与部队下面的一个分站通话，她拿着插头不知往哪条线路上插，正犹豫着，那位老兵一把将她的手打下，说："你别拿着我的插头巡逻了。"

从小到大，她哪里受过这个气，当时她的脑袋嗡的一声，血往脸上直涌，泪水在眼窝里打转，真想摘下话筒跑掉，或者和老兵大吵一架。

可是一刹那间，她忍住了。想起平时上级说的三尺机台就是战场，要是跑掉不就等于在战场上开小差了吗？

所以她一边忍着气抹着泪，一边认真地看老兵操作。下班后又帮着老兵整理话单，打扫机房，这时心情已经好多了；而老兵也觉得有些过火，主动过来手把手地教她。两人以后成了无话不谈的好朋友。

人与人的相处是一个复杂的过程，在相处的过程中难免会出现各种问题，面对种种困扰，我们是选择无视，还是选择自我救赎，这已经变成一道深奥的命题。

当我们理清头绪之后，想要解开这一题目却也变得简单，唯一的答案就是"宽容"，只有"宽容"才能让我们的内心变得强大，也才能解决眼前的纷纷扰扰。

心灵导师威尔·温饱在《不抱怨的世界》中提出了一种新运动——"不抱怨"运动，他所提倡的精神主要在于你是否拥有一个豁达平和的心境，能否拥有乐观开朗的心态。

我们可以以宽容的心态面对世间事，多一些微笑、多一些从容，用微笑、淡然面对所发生的一切，即便是灾难。要知道，灾难所摧毁的只是你的肉体，而并非你的精神和灵魂。

宽容的人有一颗强大的内心，他在任何时候都淡然处之，他会把自己所经历的挫折、磨难当成人生的一种财富和体验。这些经验将变成他思想智慧的一部分，使他的内心更加强大。

萨菲斯夫人曾经有一个可爱漂亮的女儿叫凯蒂诺，可是去年一次意外的踩踏事件让她的女儿丢掉了性命。凯蒂诺去世的那段时间，萨菲斯夫人悲伤、难过，心中充满了仇恨。她曾经几次坐在学校的门口不肯离去，更恐怖的是她曾想到要让整个学校在大火中消失。

那天，一位出国归来的教授遇到了正在学校门口坐着，旁边摆放着好几桶汽油的萨菲斯。他走到她的面前，对她说："夫人，您的事情我听说了，对于你女儿的不幸我深表遗憾。"

那位教授继续说道："孩子是上帝赐给每位母亲的天使，这里的每个孩子都有一位像您一样爱着他们的母亲，每天都在期盼着他们是快乐的、无忧无虑的。每天做好美味的食物等待着他们回家。"

教授接着说："而您的天使是受到上帝的召唤，重新回到了天堂。但我想，她每天都会躲在云后悄悄地看看您是否过得安康。但想来在天堂的她也在偷偷地哭泣，因为您并没有给她祝福，也没有为了她而好好地生活。您真的忍心让远在天堂的孩子终日以泪洗面吗？"

萨菲斯夫人听了眼前男子的话，看了看身边的汽油，又扭头望了望那些在校园中活蹦乱跳的孩子们。她笑了，她觉得凯蒂诺从来没有离开过自己，她一直在看着她。

擦干脸上的泪，萨菲斯夫人站起身来，对那个男子说："谢谢您先生，我知道我的天使从来没有离开过自己。或许我该去上帝面前忏悔，因为我的愤怒，差点造成不可饶恕的罪孽。"

被伤害而陷入痛苦中苦苦挣扎，但难过、委屈这都不能成为你要报复的理由。让自己时刻生活在报复的阴影中，不仅是对精神的一种摧残，更会对自己的身体造成伤害。

或许你会觉得忍气吞声，让那些个犯了错的人就此逍遥吗？当然不是这样。懂得宽容，饶恕他人的过错，纠缠在你心中的死结才会豁然解开，才会让你的身与心得到真正的安宁。

所以我们要养成宽恕对人的好习惯。也许这种习惯的养成可能会很困难，但如果我们做到了，就会有很多收获，我始终相信，宽容的人都有一颗柔软的内心，而这种柔软却蕴含着以柔克刚的力量。

女士们，我们要成为一个宽容的人，一个内心强大的人。因为内心强大才会思想丰富，即便我们遇到他人的误解与伤害，也能保持自己内心的完美世界。

当我们拥有宽容，当我们的内心变得强大，那么，我们的身心外面就有一层厚厚的盔甲，它能让我们刀枪不入。

只要拥有宽广的胸襟，那么，即便再柔弱的身体，都会包裹一颗坚强的内心，让女人在困难面前无所畏惧地屹立。

乐于施舍，不图回报

我认识一个住在纽约的女人，她常常因为孤独而不停地抱怨，她的亲戚没有一个愿意亲近她。可能你会很奇怪，为什么没有一个亲戚愿意亲近她呢？

其实原因很简单，主要是因为，当别人去看望她时，她就会连续不停地说她对自己的侄女有多好，在她们患病时她尽心尽力地照顾她们。

多年以来她给她们提供吃住，还帮其中一个上完了商业学校，另一个也一直在她家住，直到结婚。

她完全没有必要抱怨，她的侄女会经常来看她。但是，后来她们都怕来看她，因为她们知道自己来了以后还得听她的埋怨和叹息。而且她们必须在那儿坐好几个小时听她旁敲侧击地骂人。

并且，当这个女人再也无法威逼利诱她的侄女来看她的时候，她就使出另一件"法宝"——心脏病发作。

当然，她并不是真的心脏病发作。是的，医生都说她有一个"很神经的心脏"，才会发生这种病症。

但医生们也说，他们对她毫无办法，因为她的问题完全是情感上的。这个女人真正需要的是爱和关切，可是她将此称之为"感恩图报"。

如果她强求她的侄女们给她回报，并认为那是她所该得的，她将永远得不到感恩和爱。

像她这样的人，世界上不知有多少。她们都因为别人的忘恩负义、孤独和被人忽视而患病。

她们希望有人去爱她们，但我们这个世界上唯一能够得到爱的办法，就是不再去乞求，而是立即开始付出，并且不希望得到回报。

这话听起来很荒谬，很不切实际。但这是事实，是普通常识，同时也是让你和我得到快乐的最好方法。

萨姆尔·强生博士曾说过："感激别人的恩惠是良好教育的结果，这很难在一般人中找到。"人性如此。其实，当我们施恩时，如果我们偶然得到了别人的感激，那是一种意外之喜；如果我们得不到这种感激，也不必为此而难过。

当我们希望别人感激我们的恩德时，这正犯了一般人共有的毛病。这说明我们完全不了解人性。试问，如果你救了某人性命，你是不是希望他感激你呢？可能会。

力博威孜在担任法官之前，是一个有名的刑事律师，他曾救过78个人的生命，使他们不必坐上电椅被处死。

你想在这些人当中，有多少人感激力博威孜呢？猜猜看，有多少？说实话，一个也没有！

耶稣曾在一个下午为10个麻风病患者治好了病，可是这些人中有几个向他道谢了呢？只有一个。

当耶稣转身问他的门徒"那9个人在哪里"的时候，他发现那9个人连"谢谢"都没有说一声就走了。

我想问一个问题：为什么我们每个人都希望在对别人施了一点点小恩小惠之后，就想得到比耶稣更多的感谢呢？

人终究是人，人的本性是不会改变的。在他的有生之日大概都不会有什么改变，既然对人施恩就不要希望得到回报，那是不可能的事情。不管你信不信，这就是事实。

忘记恩德是人类的天性，就像野草一样；而感恩却如玫瑰，必须给它施肥浇水，给它教养、爱和呵护。

如果你是一位妈妈，你也想要你的孩子学会感恩，那你就要学会教育他们，你自己要先懂得感恩。我的姨妈维奥拉就是一个很好的榜样。

在我小的时候，维奥拉姨妈把她的母亲接到家里来照顾，同样也照顾她的婆婆。直到现在我还能想起那两位老太太坐在维奥拉姨妈家壁炉前的情景。

她们会不会给维奥拉姨妈带来什么麻烦呢？可想而知，肯定会有。但是，你从她的态度上一点也看不出来，她很爱这两位老太太，尊重她们，尽心尽力地照顾她们。

她从来都没有想到这样做有什么特别的，或者说接两位老太太来家里住有什么值得赞美的。对她来说，这是应该做的事，是很自然的。

当时，她除了照看两位老人外，维奥拉姨妈还要照顾6个孩子。那么，现在维奥拉姨妈怎么样了呢？

她已经守寡20多年了，而且6个孩子已经成年，并且拥有了属于他们自己的小家庭。6个孩子全都争着要让她住在自己家。

她的孩子们非常敬佩她，都不想离开她，这是因为"感恩"吗？不是，这是爱，是纯粹的爱。

在这些孩子的童年时代，就懂得了爱心的温暖，现在情形相反了，他们也能付出爱心，言传身教。她的孩子们的做法一点都不奇怪。

父母的一言一行都非常重要。在孩子面前，千万不要诋毁别人的善意，也千万别说："看看表妹送的圣诞礼物，都是她自己做的，连一毛钱也舍不得花！"

这种反应对我们可能是件小事，但是孩子们却听进去了。因此，我们最好这么说："表妹准备这份圣诞礼物，一定花费了不少时间！她真好！我们得写信谢谢她。"

这样，我们的子女无意中也会养成赞赏和感激的习惯了。所以，寻求快乐的唯一途径是——

不要期望他人感恩，并在付出过程中享受施与的快乐！

请让我来帮助你,就像帮助我自己

有一次,我到一个小镇去演讲,那时候在一个叫赛拉的女士家住了一个晚上。第二天,赛拉送我去过火车站时,我们谈起了交友的话题。

赛拉说:"卡耐基先生,告诉你一件事吧!我从来没有和任何人说过,就连我的丈夫也不知道。"

以前在费城,她的家是靠社会救济金过活的。赛拉说:"我年轻的岁月中最大的悲剧就是来自我们的贫困。我从来不能像别的姑娘那样打扮自己。我衣着寒酸,而且常常不合适。"

所以她很少出门,常常哭着睡去。一天,她忽然心生一计,就是在每次聚会时,她都请她的男伴谈谈他的人生以及对未来的筹划。

她问这些问题,倒不是对他们的回答特别感兴趣,实在只是希望分散他们的注意力,以免看出她的装扮寒酸。

可是,奇妙的事发生了。赛拉说:"当我听这些青年谈话时,我学到了一些东西,而开始产生了真正的兴趣。我变得兴致勃勃,自己也忽视了服饰的问题。"

可是最令赛拉惊异的是:因为她是个很好的聆听者,善于鼓励他们、关心他们。他们跟她在一起时总是很快乐,赛拉竟渐渐成为最受欢迎的女孩,有3位男士都要求她嫁给他。

当我们帮助他人的时候,我们付出的是自己对别人的生命的爱,就仿佛给别人的生命之树捧一掬清泉。我们付出得越多,内心就越充盈,幸福感就越强。所以,助人不仅是付出，也是收获。

波斯宗教家佐罗亚斯托说："对别人好不是一种责任，而是一种快乐的享受。因为这能促进你的健康与快乐。"

多为别人着想不仅使自己远离烦恼，也可以广交朋友，获得更多的乐趣，让你成为一个更受欢迎的女性。

玛格丽特·泰勒·叶慈是最受美国海军欢迎的女性。她还是一位小说家，但她的小说没有一部比得上她自己的故事真实、精彩。

故事发生在日本偷袭珍珠港的那天早晨。叶慈太太由于心脏不好，一年多来都卧病在床，一天得在床上度过22个小时。

她下床走路，也不过是由房间里走到花园去晒晒太阳。即使那样，还得需要女佣的搀扶。

她以为自己的后半辈子都得在床上度过了，她告诉我："如果不是日军偷袭珍珠港，我永远都不能再真正投入到生活中了。"

轰炸开始后，一切都陷入混乱。一颗炸弹正好落在叶慈太太家附近，震得她摔下了床。军人的家属被军队派出去的卡车转移到公立学校避难。

红十字会的人要打电话联系房间，安置人员，他们知道她床边有部电话，就希望她能帮忙做联络工作。

于是叶慈太太开始记录那些海军、陆军的家属现在住在哪里，红十字会的人会通知那些军人打电话来她这里查找他们的家属。

叶慈太太很快得知她的丈夫是安全的。于是，她尽力去鼓励那些不知丈夫生死的夫人们，同时还安慰那些一夜之间失去丈夫的妇女们。

开始的时候，她还躺在床上接听电话，后来，越来越忙碌，她完全把自己的病痛忘得一干二净，并逐渐下床走到桌子旁。

她说："如果不是日本偷袭珍珠港，我可能下半生都要在床上度过了。那时我舒服地躺在床上，只是在消极地等待着。现在我才知道，那个时候我在潜意识里已经失去了恢复的信念与希望。"

灾难让叶慈太太的潜在力量被激发，它使她把注意力从自己身上转移到别人身上。她再也没有时间考虑自己或照顾自己，而是不断地帮助别人，同时也找到了她坚持生活的理由。

你把最好的给予别人，就会从别人那里获得最好的，帮助他人就是帮助自己。你帮助的人越多，你得到的也越多。你越吝啬，就越一无所有。

20世纪最杰出的美国无神论者——西奥多·德莱塞说过："如果你想从人生中得到任何快乐，就不能只想到自己，而应该为他人着想，因为快乐来自于你为别人、别人为你。"

帮助别人过得更好，我们应该立即行动，不能再浪费时间。人生，我们只能经历一次，如果我们能有机会去做好事，请现在就去做。不拖延，不轻视，因为人生的路从不能回头。

纽约心理服务中心主任哈瑞·林克曾说："我认为，现代心理学最重要的一项发现就是，科学地证明了自我价值的实现与得到快乐，奉献与守纪都是非常必要的。"

女士们，生命就像是一种回声，你送出什么它就送回什么，你播种什么就收获什么，你给予什么就得到什么。只要你付出了，就会有收获。

放下身上的仇恨袋

莎士比亚说："仇恨的怒火，最后烧伤的是你自己。"你如果整天想着报复自己的敌人，最后即使真的如你所愿，狠狠地报复了他们，但是你的身体健康和心理健康会受到很大的损害。

有一次，我接到一个电话，说我的好朋友得了心脏病。我的这位朋友是一位女士，脾气非常不好，谁若是得罪了她，她总是想着报复对方，这样才能取得心理平衡。

一天，她的邻居把杂草堆在了她家的栅栏旁边，她非常生气，于是就把自己家的垃圾丢到了邻居的院子里，来报复她。

结果这位女士和她的邻居的矛盾越来越深，最后双方争吵起来，差点动手打起来。之后，我这位朋友经常感到胸闷，到医院一检查，才知道自己患上了心脏病。

女士们，不要因为一点小事就生气，也不要因为一点小事就气急败坏，仇恨除了会带给你烦恼和痛苦之外，什么都不会带给你。

著名健康杂志《生活》中曾经说过："记仇是高血压患者最主要的个性特征。长期处于仇恨之中，很容易形成慢性高血压，进而引发心脏疾病。"

所以，我们千万不要总想着报复别人，这样做简直就是在惩罚我们自己。你如果因为仇恨而精神疲惫、容颜老化，我们的仇人难道不会拍手称赞吗？

女士们，学会宽恕，这样不仅不会伤到自己的健康，也不会让你们之间的矛盾进一步激化。也许因为你的宽恕，对方认识到自己的错误，主动和你承认错误，没准你就会交到一个好朋友了呢。

我的好朋友索菲亚·罗拉先生曾经在维也纳从事律师工作，直到第二次世界大战的时候，他才从维也纳回到瑞典。他身无分文，急需找到一份工作。

他懂好几个国家的语言，所以他想在出口公司工作，发挥他的语言天赋，于是他找了好多文书的工作。

但是大多数公司都回信说因为战争的缘故，他们目前不需要这个岗位的人才，不过他们会保留他的资料等等。

其中有一个人却回信给罗拉说："你实在是一个愚蠢的人，根本就不了解我们公司，我们现在一点都不需要文书。即使我真的需要，我也不会雇用你，因为你连瑞典文都写不好，而且你的信错误百出。"

罗拉收到这封信时简直气坏了。这个瑞典人居然敢说他不懂瑞典话！他自己呢？他的回信才是错误百出呢。

于是罗拉写了一封回信。在心中他恨恨地羞辱了对方。可是他停下来想了一下，对自己说："等等，我怎么知道他不对呢？我学过瑞典文，但它并非我的母语。也许我犯了错呢。如果是这样，我应该再加强学习才能找到工作。这个人可能还帮了我一个忙。我应该写一封信感谢他。"

罗拉把他写好的信撕掉，另外写了一封："感谢您指出我的信文法上的错误，我很抱歉并觉得惭愧。我会再努力学好瑞典文，减少错误。再次感谢您帮助我成长。"

几天后，罗拉又收到回信，对方请他去办公室见面。罗拉如约前往，并得到了工作。罗拉自己找到了一个方法："以柔和驱退愤怒。"

宽恕自己的仇人并不是一件坏事，在很大程度上会化敌为友。《圣经》上是这么说的："充满爱意的粗茶淡饭胜过仇恨的山珍海味。"

同时《圣经》中也说道："爱你的敌人，祝福那些诅咒你、折磨你、迫害你的人，为他祈祷吧。"我的父亲一生都在默念这句话，他说这句话能让他的内心感到平静。

前纽约市长比尔·盖伦曾遭枪击，险些致命。当他躺在病床上挣扎求生时，他还说："每晚睡前，我必原谅所有的人与事。"听起来也许有些太理想化了。

那么，我们再听听德国哲学家叔本华的思想吧，他在《悲观论》中把生命比喻为痛苦的旅程，然而在绝望的深渊中他仍说："如果可能，任何人都不应心怀仇恨。"

也许有些女士会说她不可能神圣到去爱敌人,这确实很难!但是为了我们自己的健康与快乐,最好能原谅他们并忘记他们。一定要学会放下内心的仇恨,好好爱惜自己。

即使是尖锐的批评，也不要念念不忘

曾经，有一位《纽约太阳报》的记者来参观我的成人辅导课，然后写了一篇报道，大肆攻击我的工作和我个人。

我当时气坏了，觉得这简直就是对我的侮辱，我差一点就打电话给《纽约太阳报》臭骂他一顿，但是最后我还是忍住了。

在接下来的日子，我有些担心，怕这篇报道会对我造成不好的影响。其实，我的担心都是多余的。

虽然《纽约太阳报》的读者不少，可是差不多有一半的人根本就不关心这篇文章，剩下的一半人虽然看到了，却也是不在意，过了没几周就忘记了。

最后，我的学生依旧愿意和我学习，而且每天都有新的学生过来报名，《纽约太阳报》对我不实的批评几乎没有影响到我。

当别人批评你、恶意中伤你的时候，你真的不用太放在心上，也不用觉得在朋友或同事面前很丢人，其实他们根本没有把这件事放在心上，过了一两周，他们就忘记了。

即使有人捉弄我们，出卖我们，从背后捅一刀，就算是被最亲密的朋友背叛——我们也不要坠入唉声叹气的深渊。

相反，那正好可以提醒我们，什么样的朋友可以交，什么样的朋友不能交。一些实实在在为你着想的建议和批评对我们会非常有益的。

发生在耶稣身上的不幸比我们遇到的严重多了，他的十二位最亲近的门徒中有一位竟为了区区 30 个金币就背叛了耶稣。

另一个门徒三次公开声明他不认识耶稣——甚至为此发誓。十二位门徒中有两个人背叛了他，折算是六分之一的比率！既然连耶稣的遭遇都这样，你我凭什么期望得到更好的待遇？

不公平的批评多如牛毛，我们避之不及，但至少我们可以做些更重要更有意义的事——让自己尽量免受批评造成的干扰。

我要说明的是，我并非提倡忽视所有的批评，而仅仅是不理会恶意的刁难。

面对恶意的刁难，罗斯福总统的夫人可谓是经历甚多，也找到了应对他们的办法。

她告诉我，少女时代的她曾经非常害羞，担心人们的恶言恶语，害怕别人的批评，有一天她向罗斯福总统的姐姐请教，她问："我想做这样那样的事，可是又怕受人指责。"

罗斯福总统的姐姐凝视着罗斯福夫人，对她说："只要你相信自己问心无愧，就不要在意别人的看法。"罗斯福夫人说，在白宫中，那句话一直是她的精神支柱。

她说："做你问心无愧的事——因为反正会受到批评的。做某些事被骂，什么都不做也可能被骂。结果都一样。"这就是她的建议。

马修·布鲁斯是美国国际公司的总裁。他曾接受我的采访，当被问到对别人的批评是否敏感时，他说："我年轻时对别人的批评极其敏感，当时我渴望得到全公司人的认可，承认我是完美的。"

如果公司里有人不承认这点，布鲁斯就会很烦恼。为了取悦那个持反对意见的人，他往往会得罪另一个人。

而当他安抚第二个人时，第一个人又恨上了他，结果搞得一团糟，最后大家都有意见。最后他无奈地发现，越是为了避免别人对他个人的批评，他需要安抚的人就越多，同时得罪的人也越多。

于是他安慰自己说："既然你处于领导地位，就注定受人批评，还是想办法习惯它吧！"从此之后，马修·布鲁斯树立了一个原则，他只管尽力而为，而不去考虑别人是否会批评自己，最后他成了一位出色的领导人。

马修·布鲁斯的做法非常聪明，他知道批评是无法避免的，所以他不再看重它，也不再受到批评的干扰。

我们试想一下,如果他把别人的批评的都放在心上,那么他做每件事情都会束手束脚,是绝对不会成就一番事业的。

林肯总统说过:"只要我不对别人的批评做出反应,这件事也就到此为止了。我会继续努力,按照我自己的想法去做。等到最后,如果证明我是对的,那么所有的批评责难都是错的,如果证明我是错的,那么即使有10位天使为我做证说我是正确的,也没有任何用处。"

女士们,我们要正确理智地看待别人对我们的批评,如果对方说的是对的,我们就要听取对方的意见。如果对方说得不正确甚至是恶意伤人,那我们就一笑置之。

我们千万不要把对方的批评放在心上,唯有这样,我们的内心才会更加宁静,生活才会更加快乐。

学会知足与惜福

知足是快乐的重要条件。加拿大心理学家多易居说:"人类不快乐的最大原因是欲望得不到满足,期望得不到实现。"

人只有学会知足与惜福,才能更加珍惜身边的人和物,发现生活中的各种美好,才能领悟生命的意义与激情,收获更多的幸福与快乐。

我曾经看到过一个故事:很久之前,有一个农场主,他拥有无数的土地和财富,但他还不满足,每天都在不断地向上帝祈求更多的土地。

终于有一天,上帝来到了他的面前,对他说:"既然你那么想要土地,就尽管向前跑吧!只要在日落之前你能够再回到我的面前,那么你的脚踩过的土地就全部都是你的。"

农场主高兴极了,撒腿就跑,简直像一头发了疯的野兽。他跑啊,跑啊,每次他想往回跑的时候,都希望把圈跑得更大一些,那样他得到的土地也就更多一些。

就这样,他一直往前跑,眼看太阳就要落山了,他只好掉转方向往回跑。就在太阳即将落下的那一刻,他终于跑完一大圈回到了上帝面前。

可惜的是,最后他累死了,所有的土地都不再和他有任何关系。农场主本可以过着幸福的生活,却因为不知足而给自己增添了许多烦恼,最后又被贪心累死,令人叹息!

《圣经》上说:"人若赚得全世界,赔上自己的生命,有什么益处呢?人还能拿什么换取生命呢?"

如果我们总是想得到，总是不满足，那么我们的内心就会充满焦虑和痛苦，眼界就会变得越来越狭隘，成功就会离我们越来越远。

普希金讲过一个《渔夫与金鱼》的故事，那个永远不知满足贪得无厌的老太婆，最终还是回归了她的"小木屋"，守着她的"破木盆"。

女士们，不盲目地羡慕别人，不过度追求不属于自己的东西，做自己喜欢做的事，过自己喜欢过的生活，就是最大的快乐。

著名作家梭罗在其代表作《瓦尔登湖》中揭示了快乐人生的真谛：人如果被纷繁复杂的生活所迷惑，不懂得知足、惜福，便会失去生活的方向和意义，内心便会充满焦虑。

如果一个人能满足于基本的生活所需，便可以更从容、更充实地享受人生，享受内心的轻松和愉悦。

梭罗不仅在作品中这样表达，在生活中也是这样做的。他每天早晨起床后做的第一件事就是对自己说："我能活在世间，是多么幸运的事！"

他用这种方式来提醒自己要对生命充满感激，对生活学会知足，对幸福懂得珍惜。这种生活态度使梭罗有更多的时间做自己喜欢的事情，让自己过得快乐，同时也帮助自己踏上了成功的旅程。

我们只有学会知足、惜福，才不至于好高骛远，迷失人生的方向，弄得心力交瘁而体会不到人生的快乐。

其实，是否快乐完全取决于我们内心的感觉，和物质的多少，财富的多少，地位的高低完全没有关系。

以一种知足、惜福的心态看周围的世界和自己的人生，就会看到美好无处不在，就会觉得自己的生活充满幸福，内心充满喜悦的力量。

谢尔·希尔弗斯在《关于缺陷和满足的寓言》里写道："在一个讲究包装的社会里，我们常禁不住羡慕别人光鲜华丽的外表，而对自己的欠缺耿耿于怀。"

他说据他多年观察，发现没有一个人的生命是完整无缺的，每个人多少少了一些东西。有人夫妻恩爱、月入数十万，却是有严重的不孕症；有人才貌双全、能干多财，情字路上却是坎坷难行。

懂得感恩，才能温润心境。即使生活总充满着种种诱惑、贪婪、浮躁。但改变不了的是,我们对生活还是充满善意,对他人依旧怀有仁慈和宽容。拥有的要自足珍惜,未拥有的要放松心态,随遇而安。

女士们,学会知足,懂得感恩,在细微中寻找满足的平衡点,从细节中探寻感恩的足迹,我们才会更加快乐和幸福。

愿你拥有被爱照亮的生命

雨果曾说："世界上宽广的是海洋，比海洋宽广的是天空，比天空宽广的是人的胸怀！"

宽容是一种心与心的交融，是一种大度与豁达，是对别人的释怀，也是对自己的善待。一个人的胸怀能容得下多少人，就能够赢得多少人。

我的朋友艾娃是一个十分严厉的老师。如果你看到孩子们和艾娃相处的情形，就会看出孩子们是多么的拘谨和胆怯！他们甚至不愿意和艾娃说话。

艾娃没有想到会出现这种局面，她说她是为了孩子们好才那样严厉的！一直以来，艾娃为了让孩子们好好学习，对他们非常严格。如果哪个孩子犯了错误，艾娃就会严厉地批评他。

可是孩子们学习成绩并没有提高。对此，艾娃感到很失望，她觉得自己就是一个失败者，渐渐地对自己的工作失去了信心，生活得很不开心。

有一天，艾娃突然意识到问题出在哪里了，她对自己说："如果我少批评他们一点儿，多原谅他们的一些错误，对他们多一些关心，情况是不是就不一样了呢？"

于是，她决定试一下。第二天，她换了一身颜色亮丽的衣服，满脸笑容地走进学校。在走向教室的路上，艾娃还一直在想着这个问题。

突然，一个皮球从后面飞过来，狠狠地击中了她的后背，她吓了一跳，回过头一看，原来是她班里调皮的汤姆干的。

要是在以前，艾娃肯定会狠狠地批评他一顿，但今天她轻松地耸了一下肩，表示不介意。汤姆胆战心惊地说了句"对不起",就赶快跑开了。

在课堂上,艾娃也不像从前那么严厉了。她不再过分地指责孩子们的坐姿是否端正、回答的问题是否正确、是否在全神贯注地听她讲课。

更让孩子们惊讶的是,她竟然没批评没能按时交出作业的凯文,她只是笑着对他说相信他下次一定能把作业交上来。就这样,她用乐观而宽容的心态和孩子们过了一天。

放学时,一向羞涩的米莱对艾娃说:"老师,今天您好漂亮啊!"艾娃自己也是这么认为的,她好像从来没有像今天这么高兴过,她充满了自信。

无可置疑,她的改变是成功的:学生们回答问题变得既准确又迅速,而且全部都能做到全神贯注地听她讲课,她才发现孩子们原来很可爱。

这使她明白了一个道理:应该用宽容之心去对待别人。

任何人都有过失和错误,犯错误在所难免,胸怀大志一些,要学会给别人一条生路,不要抓住辫子就不放,动不动就想打棍子,对他人不好,对自己也不利。

我们要学会以诚相待,用诚心感化一个人,感激一个人。也许我们就会拯救一个人悲观的心灵。把自己的所作所为全当一面镜子,照照自己,也能照亮别人。

宽容是一种胸怀,是一种风度,是一种美德,更是一种智慧。宽容他人,不但不会令自己的利益和名誉受损,反而会因此而赢得人心,得到人们普遍的认可。

在开往费城的火车上,中途有一个女人上了车,她径自走进一节车厢,并挑选了一个座位坐下。

这时,她对面的一个男人点燃了一支香烟,深深地吸了几口。女人闻着烟味儿就难受,于是,她故意扭了扭头,并轻咳了几声,想提醒对方不要吸烟。

可是,那个男人完全没有注意到她的举动,还是若无其事地吸着。女人忍无可忍,生气地对那个男人说:"先生,你可能是外地人吧,这里是不允许吸烟的。"

听女人这样说,男人才明白,他微笑着,充满歉意地把手里的香烟掐灭,丢到了窗外。

过了一会儿,有几个男人走了进来,他们来到女人身边,对女人说:"这位女士,非常抱歉,你走错车厢了,这是葛兰特将军的私人车厢,请你马上离开。"

女人感到非常震惊,甚至有些惊悚,坐在她对面的竟然是葛兰特将军,她太冒犯了。

但是葛兰特将军丝毫没有生气,他冲她笑了笑,转过头和蔼可亲地对下属说:"没事,就让这位女士坐在这儿吧。"

葛兰特将军的宽容让女人非常感动,更加敬佩他。他的仁慈也被人们广为传颂。葛兰特将军正是凭着这样一种博大的胸襟征服了手下的士兵,使得他在战斗中攻无不克,战无不胜。

卡里尔说:"伟人之所以伟大,就在于他们宽容和体谅着普通人。"许多伟人之所以受到人们的爱戴,很大程度上就是因为他们身上具有宽容的美德。

宽容别人的人,无疑也是智慧的,因为很多时候,宽容了别人,也就等于放过了自己,开阔了自己的心胸,快乐了自己的人生,同时也赢得了他人的尊重和敬仰。

经常存宽容之心,会使女性显得更有涵养,魅力四射而令人无法忽视,而她们的生命里就会多一分幸福的空间,生活也会多一分温暖的阳光。

用心去感受身边的幸福

英国许多克伦威尔教堂里都刻着"思索并感恩"这几个字,这些字也应铭刻在我们心中。想着所有我们应该感谢的事,感谢上帝赐给我们的幸福与恩泽。

我的一个朋友叫作露西尔·布莱克,喜爱音乐和跳舞。突然有一天早上,她的身体彻底垮了,是心脏病!医生告诉她要卧床静养一年。而且医生并没有告诉她什么时候会康复。

露西尔害怕极了,她哭泣着说,她做错了什么,为什么会收到这样的报应?不过她还是遵从医嘱躺到了床上。

她的邻床是一位老艺术家。他对她说:"你以为你在床上躺一年很悲惨,其实不然,你可以利用这段时间好好思考,真正认识自我,用心感受生命的价值。"

露西尔慢慢平静下来,开始努力建立一种新的价值观。她阅读了很多激励人心的书籍,每天早上醒来,强迫自己想一些她所拥有而且应该感到幸福的事情:

我的身体没有疼痛,我有一个很可爱的小女儿,我视力和听觉都正常,收音机里有悦耳的音乐。我有很多闲暇时间读书,有美食可尝,有好友相伴,看望我的人络绎不绝。

露西尔如今特别感谢卧床度过的那一年,在那一年中,她养成了一种习惯,在每天早上先清点自己拥有的幸福。

洛根·史坦索尔·史密斯用寥寥数语凝聚了众人的智慧,他说:"人生应该有两个目标,第一,获得你想要的东西;第二,得到之后,要享受它。只有最聪明的人才能做到第二点。"

幸福无处不在，恋爱时的浪漫，婚后的磕绊，中年时的细琐，老年时的依恋，都是幸福，就看我们有没有体会幸福的心情。

愿我们做个享受幸福的人，用心去感受身边点点滴滴的幸福。

《我想见证》这本书的作者是一个将近失明大半个世纪的老妇人。她在书里写道："我只有一只眼睛，上面布满了斑点，看任何东西都只能通过眼睛左侧的一个小孔。我看书的时候，必须把书贴到脸上，并且把唯一的眼睛尽可能的向左使劲斜过去。"

她一开始在明尼苏达州双子谷的一个小村庄教书。后来在她坚持不懈的学习下，成了奥古斯塔那学院的新闻学和文学教授。在她52岁那年，发生了一个奇迹：在著名的梅奥医疗中心她接受了一次手术，使她的视力恢复得比以前好40倍。

一个可爱迷人的全新世界展现在她的面前。她发现，即使在厨房水槽边洗碗也是一件激动幸福的事情。她说："我开始玩着洗碗盆上的泡泡，我把手伸进去，抓过一团肥皂泡，迎着光举起来看，我能看到每个泡泡上都闪耀着小小彩虹的斑斓色彩。"

她在书的结尾写道："'亲爱的主啊'，我不禁低语。'我们的天父，我感谢你，我感谢你！'"

想想看吧，她因为在洗碗时看到色彩斑斓的泡泡，都要感谢上帝！你我都应该感到惭愧。我们生活在美如童话的世界里，却对眼镜前的美景视而不见，却对身边的幸福不懂珍惜。只要你仔细感受，幸福一直都在你的身边。

第九章

向上的力量,每天保持元气满满

永远保持对生活的热情

在一个浓雾笼罩的夜晚,一个年轻人和母亲从新泽西乘船渡江到纽约的时候,母亲欢声喊道:"这是多么令人震撼的情景啊!"

"有什么奇怪的呢?"年轻人问道。

母亲依旧充满热情:"你看呀,那浓雾,那在雾中若隐若现的光,多么不可思议啊,多美啊!"

或许是被母亲的热情所感染,年轻人竟然也觉得那厚厚的白色浓雾很美,很梦幻,浪漫中还隐藏着的神秘、虚无及点点的迷惑。那真是一件不可思议的事情。

这时,母亲认真地注视着年轻人,"我从没有放弃过给你忠告。无论以前的忠告你接受不接受,但这一刻的忠告你一定得听,而且要永远牢记。那就是:世界从来就有美丽和兴奋的存在,她本身就是如此动人、如此令人神往,所以,你自己必须对她敏感,永远不要让自己感觉迟钝、嗅觉不灵,永远不要让自己失去那份应有的热情。"

后来,年轻人一直没有忘记母亲的话,而且也试着去做:让自己保持那颗热忱的心,始终对生活充满热情。这个年轻人就是拿破仑·希尔。

时刻对生活充满热情的人,他的生活永远不会单调,也许是清晨的一滴露水,也许是傍晚美丽的晚霞,他都能看到新生的希望、万物的美好。

我的办公桌上挂着一块牌子,我家的镜子上也吊了同样一块牌子,上面都写着同样的座右铭:

你有信仰就年轻，疑惑就年老；

有自信就年轻，畏惧就年老；

有希望就年轻，绝望就年老；

岁月使你皮肤起皱，但是失去了热忱，就损伤了灵魂。

这是对热忱最好的赞词。培养并发挥热忱的特性，我们就可以对我们所做的每件事情，加上火花和趣味。

有一位女性小时候因患病而双耳失聪、双目失明，但是她从来没有丧失过对生活的热情。她曾写下《假如给我三天光明》一文，被译成多国语言，风靡全世界。1964年，她被授予美国公民最高的荣誉——总统自由勋章。之后，她又被推选为世界十大杰出女性之一。

她就是著名的盲人作家——海伦·凯勒。海伦·凯勒就是凭借着对生活的热情和不屈不挠的精神，赢得了全世界人民的尊敬。

正如美国著名作家马克·吐温所说的："19世纪出现了两个了不起的人物，一个是拿破仑，一个就是海伦·凯勒。"

充满热情的人不仅可以给自己赢得更加强大的内心，还会把这种极具感染力的情绪带给别人。

美国的一所学院曾经举办过一场演讲比赛，比赛到了决赛阶段时一共还有六个人。这六个人赛前积极备战，精心准备了自己的演讲内容，他们甚至对自己每一句话的发音和演说技巧都不断练习，每个人都期望自己能够夺得冠军。

正式比赛时，几位选手纷纷展现了自己的演讲能力，得到了观众的喝彩和评委的好评。可是当他们听到安吉莉亚女士的演讲时，大家都震惊了。

安吉莉亚的演讲以南美洲对现代文明的贡献为主题，她没有把它当成一般意义上的"演讲"，而是像讲故事一样向大家述说家乡的一切，她凭着智慧、善意以及充沛的热情，表达出了自己对家乡的热爱和赞美。

台下的评委和观众都随着她的情绪激动而激情澎湃。整个演讲像是由所有在场的人一起完成的，安吉莉亚成功地激起了所有人的共鸣。

最后她名副其实地夺得了冠军，评委坦白说："就演说的技巧而言，比安吉莉亚更好的还有两三个人,不过评委们最后还是决定把奖项颁给她,因为在演讲中,没有什么比热情更有力量。"

在生活中,热情的心态、积极的态度可以让我们很快地融入他人的圈子,结交更多的朋友。对于开朗活泼的人,热情的招呼和微笑能让他很快投入到你们将要进行的对话中;对于性格内向的人,热情的问候和肢体语言能让对方更快地消除戒备之心。

热情不是对他人大呼小叫、处事上大大咧咧,热情是用真诚和善意对待他人。热情是接纳他人,更是接纳自己。

平时我们也要多说些激励自己的话,这种语言可以让自己从不自信的阴影中走出来,不仅可以确立自己的人生目标,还能激发自己的潜能。

女士们,让我们用积极的心态面对生活中的困难与不幸,永远不要放弃对生活的热情,用热情的心态勇敢地向目标迈进,这样才能更坚强,更有力量。

拥有让自己快乐的能力

著名心理学家艾德勒对那些患有抑郁症的患者说:"每天做一件让别人高兴的好事,按照这个处方,保证你 14 天内就能治好抑郁症。"

艾德勒博士督促我们每天都做一件好事。为什么每天做一件好事对人会有这么大的好处呢?原因是想要取悦他人时,就不会有时间想到自己,而产生忧虑、恐惧与抑郁的主要原因就是只想到自己。

我的一位朋友珍妮弗不幸失去了丈夫,她感到了痛苦万分。在丈夫去世后一个月,有天晚上她来向我求助:"我该怎么办?我应该住在哪里?我又怎么样才能重新找到快乐?"

我告诉她,她应该尽快从忧伤中挣脱出来,尽早走出丈夫去世的阴影,开始新的生活和快乐。对于我的建议,她回答说:"不,我不可能再有快乐了,我老了,子女也都已经结婚了,哪里还有我的容身之所?"

可怜的珍妮弗患的是自怜症,而她自己本身又不知道如何去治疗这种病症。有一次我对她说:"你不可能让别人总是同情你、可怜你吧?你可以开始新的生活,结识新的朋友,或者培养新的兴趣、爱好……"

可是她太自怜了,这些话她根本听不进去。最后她决定把自己的快乐寄托在子女身上,于是就搬到女儿那里去住了。

然而这的确不是一个明智之举,她们母女俩到最后闹得反目成仇。后来,她又搬去儿子家,结果也是以不幸收场。

最后，实在没办法，她的子女只好弄了一层公寓让她自己住，可这根本解决不了她的问题。在一天下午，她哭着找我说，家人把她抛弃了。

她永远也无法让自己快乐起来，她只想让众人都可怜她。她是个极为自私的女人，虽然她已经61岁了，但在感情上，她仅仅只是个小孩子。

珍妮弗的丈夫虽然不在了，可她享受快乐的权力依然存在。只是她还不明白，不能把快乐等同于救济金或施舍品一样视为理所应得的东西。我们要想方设法博取人们的欢迎和喜爱。

我认识这样一个女人，她四处旅行，期间在海上的一艘客轮上休息，船上的乘客大多是快乐的夫妇和未婚的情侣，他们在海上度假，然而这位老夫人却只身一人，她65岁了，不过她很快乐，满面春风。

她这次出行是她第一次验证寻找快乐的方法。她也是一个寡妇，也曾经像我那位朋友一样的悲伤。然而有一天早上，她突然醒悟，感觉自己不能再这么颓废地生活下去了，于是她就下决心要摆脱过去的悲伤，投入到新的生活中去。

她必须让自己重新快乐起来。于是，她又重拾画笔，重新培养自己对绘画的兴趣，画画伴随她度过了那段悲伤的日子。绘画不仅使她快乐起来，而且还给她带来了独立的事业。

在那段刚刚失去丈夫的日子里，她时常问自己可以做什么，怎样做才会被众人接受，得到人们的欢迎。后来，她找到了答案——想要被别人接受，就必须努力付出，而不是乞求别人的给予。

于是，她就以微笑代替悲哀，努力刻苦地画画，她还主动去拜访朋友，这时候，她心里暗暗提醒自己要表露出欢乐的神情，她经常谈笑风生，为朋友带来乐趣。

慢慢地，朋友们开始喜欢她了，纷纷对她发出邀请，请她参加宴会，甚至社区活动中心也邀请她去办画展。

几个月后的一天，她登上了这艘客轮。在船上，她对所有人都非常友好，而又保有积极乐观的态度。很快她就成为船上最受欢迎的游客。

她懂得了这样一个道理：如果想要得到别人的友情，自己首先就得去关心生活并奉献自己。所以，无论她到哪里，她都能营造出这种和谐的气氛，博得大家的喜爱。

快乐的境界有三种，一是比较的快乐，二是竞争的快乐，这两种都是有条件的快乐，也是芸芸众生一生的追逐，可是这些都很虚妄。还有一种无条件的快乐，是来自内心的圆满和喜悦，是"心中有道，不怕天地变"。

女士们，你们如果想要获得快乐，就不要总想着别人感激自己，你只要享受施惠于人的快乐就可以了。那些快乐的人都是喜欢付出的，你只有乐于帮助别人，才能收获快乐。

停止为鸡毛蒜皮的小事烦恼

英国政治家蒂斯瑞里说过:"人生苦短,岂容卑微?"

安德烈·莫洛在发表的一篇文章中写道:"蒂斯瑞里的这句话帮助我度过了好几次困境,一些早该忘怀的琐事时常困扰着我们……人类活在世上的日子不过数十载,我们却花费一去不复返的宝贵的几个小时,去为一些一年后谁都想不起来的小事苦恼,非常不值得!"

莫洛说:"我们应该把有限的生命贡献给意义重大的行动、伟大的思想、纯真的情感以及永恒的高尚事业。因为'人生苦短,岂容卑微?'"

一个人如果想保持心平气和,就不要为鸡毛蒜皮的琐事烦恼。

英国诗人吉普林娶了一位美国弗尔蒙特的女孩,并在那里安家立业。他太太的弟弟毕迪成了吉普林最好的朋友。无论做什么,他们俩都会结伴而行。

后来吉普林向毕迪收购了一些土地,双方约定毕迪每季度可以去收割牧草。可是有一天,毕迪却发现草地已变成了花园。

于是,毕迪火冒三丈,气愤不已,顺势和吉普林挑起了争端,吉普林也毫不退让,立即反击,两个人的战争就这样开始了。

又过了几天,吉普林在路上骑着自行车,毕迪赶着一辆马篷车突然横穿马路,吉普林偏离路面,从车上摔了下来。

此时,吉普林简直气坏了,他发誓:"我一定要让毕迪进监狱。"一场惊天动地的审判就这样开始了。

许多报社的记者纷纷涌入这座小城，争相采访这件事情。这件事闹得轰轰烈烈，甚至全国都知道了这件事情。

最终，吉普林夫妇不得不永远放弃在美国的家园。而导致这么严重后果的事件的起因仅仅是一捆牧草。

所有芝麻大小的琐事带来的烦恼都差不多，因为我们厌恶它却不断咀嚼它，最后只能越来越夸大它的重要性。

生活中，无论是朋友相处还是和亲人相处，磕磕碰碰在所难免，如果我们多一些理解和宽容，多一些沟通，少一些计较，多一些赞扬，少一些指责，那么我们的生活会多了许多笑容，少了许多抱怨和摩擦。

各位女士，人生短暂，为一些鸡毛蒜皮的小事烦恼，是非常不明智的，学会遗忘，也是一种很强的生活技巧。如果你把开心的乐事或烦恼的琐事每天都像过电影一样过一遍，那么你会很累，甚至会患上焦虑症。

让我们放轻松，让每一天都充满希望，让自己从琐事中解脱出来，集中精神做自己喜欢的事，这样才会每天都开心、快乐、元气满满。

很早以前，雅典政治家培利克里斯就说过："起来吧！智者们，我们坐在这里在琐事上浪费的口舌太多了！"

因此，当令你烦恼的小事袭来时，自问一下："我现在烦恼的问题，到底和我们有什么关系？在这件事情上，我应该什么时候'到此为止'？如果我们不去想这件事，会有什么后果呢？"

各位女士，不要再浪费时间在生活中的琐事上了，我们还有很多有意义的事情可以做。为了无关紧要的事情懊恼，只会徒劳地耗费精力，得不偿失。我们要珍惜生命中的每一段宝贵的时光，把每一天都过得快乐而充满意义。

不再为失眠忧虑

我的一个学生依拉·桑德乐，她几乎因为严重的失眠症而自杀。她说："我真的以为我会精神失常，因为以前我是个睡得很熟的人，就连闹钟响了也不会醒来，结果每天早上上班都迟到。"

她因为这件事情而苦恼——事实上，她的老板也警告她说，必须准时上班。依拉知道她如果再这样睡过头的话，她就会丢了自己的工作。

她把这件事告诉了她的朋友，有一个朋友建议她，如果把精神集中到闹钟上，应该就不会睡过头了。可是由于这样依拉患上了失眠症。

她说："那个烦人的闹钟声一直在我耳边回响，让我一直睡不着，整夜在床上翻来覆去。到了早晨，我几乎累得不能动，又疲劳又忧虑。"

这样持续了有八个星期，她所受到的折磨简直无法用语言来形容。依拉觉得自己要精神失常了，她甚至想过干脆从窗口跳出去一死了之算了。

最后，她去找一个认识的医生。医生说："依拉，我没有办法帮你，也没有一个人能帮你，因为这是你自己造成的。每天晚上上床后，如果你睡不着的话，就不要理它。"

你要对你自己说："我才不在乎是否能睡着呢，就算是醒着躺在那里直到天亮又有什么关系！"闭上你的眼睛默念说："只要我躺在这里不动，不为这件事担忧，就能得到休息。"

"我照着他的话去做，"依拉·桑德乐说，"不到两个星期我就真的能够安稳地睡着了。接下来的一个月里，我就能每天睡八个小时，而我的精神也恢复了正常。"

让依拉·桑德乐饱受折磨的并非他的失眠症，而是由失眠症所引起的忧虑。

芝加哥大学教授撒尼尔·克力特曼博士，曾对睡眠问题做过大量的研究，他也是全世界研究睡眠问题的专家。

他说，从来没有听说哪一个人是因为失眠症而死的，实际上，可能有人会因为失眠而忧虑，导致体力下降，受到细菌的侵袭，但那种伤害的罪魁祸首是忧虑，而不是失眠症本身。

如果你常常失眠，没有办法入睡，那是因为你"忧"得让自己得了失眠症。

我的好朋友萨姆尔·昂特迈耶在上大学的时候，一直患有失眠症。而且他看过好多次医生，都没有治疗好。

于是他决定退一步去想，充分利用清醒着的时间。他不再在床上翻来覆去，不再让自己忧虑到精神崩溃的程度，只要出现这种情况，他就会下床来读书。

结果，他每一门功课都在班上名列前茅，成为纽约城市大学的一位奇才。

他的失眠症一直伴随他到工作。他成了一名出色的律师。然而萨姆尔没有丝毫的忧虑，他说："大自然会照顾我的。"

事实的确如此。虽然他每天睡的时间很少，但他的健康状况却一直很好，而且也能像纽约法律界所有的年轻律师一样努力地工作，甚至更超过其他人——因为别人酣然入梦的时候，他还是清醒的。

他一直活到81岁，但他一辈子却难得有一天晚上睡得很熟。如果他一直为他的失眠症而忧虑的话，恐怕他这一辈子早就毁了。

要想安稳地睡一夜的第一个必要条件就是要具有一种安全感。我们必须感觉到有一种比我们强大得多的力量，一直照顾我们到天明。

托马斯·希斯洛普博士在英国医药协会的一次演讲中就特别强调这一点。他说："根据我多年行医的经验来看，使你入睡的最好办法之一就是祈祷。对有祈祷习惯的人来说，祈祷一定是稳定思想和情绪最适当也最常用的方法。"

可是，如果你没有宗教信仰，不能这样轻松地解决你的问题的话，你可以采用另一种方法来努力放松自己。

大卫·哈罗·芬克博士写过一本名叫《消除神经紧张》的书，其中提出了一种最好的方法，那就是和你自己的身体交谈。

芬克博士认为，语言是所有催眠法的关键，如果你一直没有办法入睡，那是因为你自己"说"得太多以至于使自己得了失眠症。

唯一的解决方法就是使你从这种失眠状态中解脱出来。具体方法是对你自己身上的肌肉说："放松！放松！放松所有的紧张情绪！"

另一种治疗失眠症的最好办法，就是让自己去参加体力劳动，直到疲倦为止。你可以去种花、游泳、打网球、打高尔夫球、滑雪，或者做需要耗费很多体力的工作。

所以，你若想不为失眠症而忧虑，请记住以下的五条规则：

一，睡眠时不妨先起来做其他事，不要勉强自己入睡。

二，从来没有人因为缺乏睡眠而死，担心失眠而忧虑，这对你的损害比失眠更厉害。

三，常做祈祷，多唱赞美诗。

四，常锻炼身体，使心情放松。

五，超常的运动来消耗更多体力，直到你疲倦得酣然入睡。

每天挤一点闲暇时间给自己

几天前,我到华盛顿拜访我的一位远房表姐。我和这位表姐已经有一年多没见面了,因此聚在一起非常高兴。表姐不仅热情地款待了我,还带我到华盛顿的各个景点去参观。

不过我发现表姐比去年消瘦了很多,而且眼睛里也没有了昔日的光彩。这让我非常疑惑,仅仅一年没见,表姐怎么就变了这么多呢?

在表姐家住了三天后,我发现了答案。这些天,表姐每天都有做不完的事,她既要照顾孩子,还要做家务。另外,她每天下午还要给一个小女孩上钢琴课。她几乎每天都从早忙到晚,连一点闲暇的时间都没有,于是日渐憔悴,失去了昔日的光彩。

女士们,从我的表姐的故事中,我们可以得出这样一个道理:无论多忙,多么不如意,都要停下先前或许狂躁、轻浮和贪婪的脚步,不给自己任何借口,让心绪静下来,真正用心感受那些生命中不可或缺的闲暇时光。

著名的哲学家亚里士多德曾经说过:"人唯有在闲暇的时候才能够获得幸福感,恰当地利用闲暇的时光,可以让一个人得到更多的幸福。"闲暇时光对于我们每个人来说都至关重要。

但是,遗憾的是,随着社会的发展,人们面临的生存压力越来越大,很多人为了取得更多的成就,都是夜以继日地工作,从来都没有想要休息一下。

实际上,压力越大的时候,我们越应该放松,否则压力就会剥夺你的快乐和幸福,新泽西著名的医师约翰·克雷曾经说过:"一个人要是长时间处在紧张的状态中,他就很容易导致精神疾病的产生。而合理地利用闲暇时间，是缓解紧张的最好方法。"

对于这一点，我是深有体会的。有一段时间，我的事业刚刚起步，每天都有很多事情要做。当时我的压力非常大，几乎每天都要工作 15 个小时以上。结果没用多长时间，我的身体就出毛病了，我每天都觉得非常疲惫。

后来，我改变了自己的工作方式，在工作一段时间后就休息一下，看看书、听听音乐……这样，不仅我的工作效率提高了，而且再也没有以往那种疲惫感。

所以，各位女士，你们一定要享受自己的闲暇时间，这样对于保持身心健康以及提高工作效率都非常重要。

也许，有些女士会说："卡耐基先生，你说的一点都不切实际，难道我们不愿意享受自由生活吗？但是我们每天都有忙不完的事情，哪有时间挤出两个小时放松自己呢？如果我一个星期不工作的话，我的家里肯定会陷入窘境。"

确实，现在大家都很忙，每天都有好多事情要做。不过，各位女士，只要你能够提高工作效率，并且合理地安排自己的时间，你肯定会节省出来很多的空余时间。

我的妻子桃乐丝就是一个善于合理安排时间的人。她每天都要准备三餐、照顾孩子，并且还有一大堆家务要做。而且，她还有自己的工作。不过她是一个非常有计划、有规律的人，每天下班，她都会做好晚餐，然后等着我们吃饭。

在这段时间，她会翻翻杂志，或者听会音乐。等大家吃好饭，她会非常迅速地把餐桌收拾干净，然后再去做自己喜欢的事情。可以说，她每天都是在从容中度过。我从来没有看到过她慌手慌脚的样子。她每天都有一定的闲暇时间用来放松自己。

各位女士，虽然我们每个人都在喊忙，但是我相信，只要你想放松自己，闲暇的时间肯定会有的。所以，我们不要再找借口，也不要再透支自己的健康。和自己的健康比起来，任何事情都是小事。

在这个世界上，没有人能真正逼着你奔跑。让自己停不下来，每天碌碌无为的人，永远只能是你自己。

时光的闲暇，并不仅仅是时间物质层面的，很多时候它更应该是精神层面的。了解自己，知道自己的需求，不独自逞强，在选择面前懂放弃不纠结，这才是让时光真正闲暇下来的关键。

还有很多女士，她们有大量的闲暇时间，可是她们没有好好利用，把这些时间给浪费了。所以,你们要找准自己的位置,并且把时间利用好,不妨从培养自己的爱好开始,通过爱好让自己安静下来,通过爱好让自己融入"志同道合"的群体当中。

相信只要能坚持两个月以上,你们的生活状态一定会彻底改观,你们一定会发现一个全新的自己,并且从这样的改变中,找回久违的生活热情。

同时,生活热情也可以带给你们更加健康的生活方式,身体状态也会自然好转,如此一来,便会良性循环,真正找回遗落的闲暇时光。

各位女士,大家一定要利用好自己的闲暇时光,充分地放松自己。并且通过这样的闲暇时光,释放和提高自己,让自己能以更加容光焕发的精神面貌面对生活。

每日恢复体力，在疲劳到来前除掉它

身体疲劳对身心健康的影响非常大。我们一定要重视起来，不要让疲劳伤及自己的身体，也不要让疲劳干扰到我们的生活。

很多女士一见到我，就会抱怨说："我现在真是太累了，我每天想做的事情就是睡觉。"

各位女士，你们一定要注意休息，不要被疲劳透支了自己的身体。

防止疲劳的首要原则就是：经常休息，在疲劳到来之前就除掉它。

也许很多女士会说："卡耐基先生，你说的这些话完全没有任何意义。我们也不想活在疲劳之中，我们也想休息，可是被生活所迫，我们没有办法。"

我想说的是，如果你们这么想，肯定是理解错了，我说的休息，不是什么都不做，整天躺在床上。我说的是在适当的时间对自己的精力进行"修补和放松"。

累了，就休息。箭弦张弛有度，才能保证最佳的状态。找个适合自己的方式，梳理心情。

看温暖心灵的文章、静静聆听自然的声音、与朋友聊聊天、找个无人打扰的空间大声叫喊……把郁闷抒发出来，让美好的事物浸润滋养你的内心。

我曾问埃莉诺·罗斯福，她在白宫生活了12年，是如何应对各种令人疲倦的烦琐事务的。

她说，每次接见一大群人或发表演说之前，她常常在椅子上或者是沙发上坐下来，闭目休息20分钟。

她并不是要消除疲劳，她也用不着那样做，因为在自己感到疲劳之前，她已经把它们给消除了。因为休息，她一直保持着饱满的精神状态迎接客人和工作。

丹尼尔·柯西林先生在他的著作《为什么要疲劳》中写道："休息并不是什么都不做，休息是在自我修复。"

短短的休息时间有着巨大的修复功能，哪怕是睡上五分钟，也能防止疲劳。著名棒球运动员康离·马克深有体会。

他告诉我说，如果在赛前不睡个午觉，到第五局时就会感到精疲力竭。但是如果睡了午觉，哪怕是五分钟也能元气满满地打满全场。

当你累的时候，喝一杯白水，放一曲舒缓的轻音乐，闭眼，回味身边的人与事，对新的未来可以慢慢地梳理，既是一种休息也是一种冷静的前进思考。

该休息的时候你就要休息，该放松的时候就要放松。停下来，才能看到沿途的风景；停下来，才能更好地前行。

在第二次世界大战期间，英国首相丘吉尔已经七十岁了。可是他仍然每天工作16个小时，几乎每一天都在繁忙的公务中度过。

他从来没有感到疲劳过，每一天都神采奕奕，自信满满，那么他的秘诀是什么呢？

原来丘吉尔把自己的办公桌设立在床上，阅读报告、口授命令、打电话、召开重要会议等都在床上进行。每天吃完午饭后，他都要午睡一小时。

晚饭之前，他还要上床睡两小时，直到8点起床吃晚餐。他甚至可以精神饱满地工作到深夜。

各位女士，在看了上面的内容后，你也许知道怎么消除疲劳了。对，就是在疲劳到来之前，休息5-10分钟，这样可以有效地缓解疲劳。

此外，如果你中午没有午睡的习惯，那么就在晚饭之前睡1个小时。这样的话再加上晚上睡得7个小时，这样的睡眠比连续睡8个小时效果会更好。

纽约的免疫学家在对睡眠和人体免疫做了一系列研究后认为，睡眠除了可以消除疲劳，还与提高免疫力、抵抗疾病的能力有着密切关系。

有充足睡眠的人血液中的T淋巴细胞和B淋巴细胞均有明显上升，而这两种细胞正是人体内免疫力的主力军。所以即使在相对紧张的工作中，也要保持充足的睡眠。

各位女士，抓紧时间休息几分钟，并不会影响你的工作，而且还会提高你的工作效率，让你更有时间和效率工作。

消除疲劳不是你已经非常累的时候去休息，而是在你疲劳之前就去休息。下面有几个小方法，可以让你更好地进行放松。

第一，关掉电视、电脑和手机。即使看娱乐节目，电子设备发出的光线也足以让眼睛和大脑疲劳，影响睡眠质量。因此，睡前1小时尽量不要看电子设备，腾出时间与家人共享。

第二，泡个热水澡。没什么比洗热水澡更能让人放松。当你全身泡在水里时，压力和不快都会消失，还利于睡眠。

第三，安静地读会书。到家附近的图书馆、书店，或懒洋洋地坐在家里的沙发上，享受一段阅读时间。即使你不爱看书，也会惊讶地发现，书本能带来舒适、宁静和心灵上的愉悦。

第四，听音乐或唱唱歌。听音乐能让身心彻底放松，唱歌可带动全身血液循环，情绪会跟着好起来。研究发现，唱歌和听歌能刺激大脑感觉愉悦，提高免疫力。

第五，带着全家去郊外。我们每天都在高楼大厦里穿梭，很少有机会外出。改变一下，定期去公园或郊外游玩。在新鲜空气中深呼吸，近距离触摸花草、泥土，身心会畅快许多。

每天做一分钟的放松练习

英国著名的心理分析专家J·A.海德菲研究发现,一些心理因素会让人变得疲劳。所以,要想彻底消除疲劳,除了要经常休息外,还要学会放松自己,让自己的心灵得到滋养。

那么哪些心理因素让人产生疲劳呢?是一种得不到欣赏、得不到肯定的感觉,以及焦虑、慌张、忧虑等。这些是人们精疲力竭的因素。

此外这些因素还会让人患上感冒,降低一个人的工作效率,有些时候还会让人患上神经性头疼。

各位女士,你们自己检讨一下,自己是否感觉双眼之间有一种压力?你是否还在皱着眉头?你是否感觉到肩膀不舒服了呢?你脸上的肌肉是不是觉得非常紧张?

当我们一集中精神的时候,就会皱起眉头,并且自己的肌肉随之紧张起来。事实上,这不仅不利于我们思考,还会让我们出现精神疲倦。

当我们出现这种精神疲倦的时候,该怎么做呢?记住,一定要让自己放松!放松!放松!

那么,我们该如何放松呢?首先头向后靠,并且闭上你的眼睛。然后,你默默地对自己说:"放松,不要紧张,也不要皱眉头!"就这样,重复这句话,坚持一分钟。

嘉利古琦是一位著名的女高音歌唱家。她在放松自己方面,有着自己独特的心得。她说,在她工作的时候,常常在桌子上放一件物品,让它来提醒自己放松。

这件物品有时候是一件红褐色的抹布，有时候是一个花瓶，有时候是一只懒洋洋的猫。每次看到这些物品，她都告诉自己，要让自己放松，不要让自己的身体紧张。

此外，在工作的时候她总会有意识地采取一个舒服的坐姿，这样会有效地防止身体紧张和身体疲劳。

她说，到了晚上，她会问自己："今天我疲倦了吗？"经常问自己这样的问题，有利于培养自己放松的好习惯。

丹尼尔·西顿说："当一天结束的时候，我常常总结道，不是看我在一天工作结束后有多疲倦，而是看我多不疲倦。"

女士们，当一天结束的时候，我们也应该问问自己：今天我放松了吗？是不是感到疲倦了呢？这样，我们才能养成放松的习惯，让疲劳再也不会找到自己。

著名的长篇小说女作家维基·贝姆曾说，她小时候遇见过一位老人，给她上了一生中最重要的一节课。

那时候，她摔了一跤，碰破了膝盖，扭伤了手腕，有个老人把她扶起来，帮她把身上灰尘掸干净。

那个老人对她说："你之所以会碰伤，是因为你不知道怎样放松自己。你应该自己假装像一只穿旧了的袜子。来，我来教你怎么做。"

那个老人就教维基·贝姆和其他的孩子怎么样跑，怎么样跳，怎么样翻跟头，还一直教她们说："一直把自己想象成一只旧袜子，那样你就能放松了。"

任何时候都能够放松，任何地方也能够放松，只是不要花费力气去让自己放松。

所谓放松，就是消除所有的紧张和力气，只想到舒适和放松。要使你自己像孩子一样，完全没有紧张的感觉。

下面有四项建议帮你学会怎样放松的：

第一，看关于这方面的一本好书——大卫·哈罗·芬克博士所写的《消除神经紧张》，或者是丹尼尔·西顿的《为什么会疲倦》。

第二，随时放松你自己，让你的身体软得像一双旧袜子。你是否曾经抱过在太阳底下睡觉的猫呢？当你抱起它时，它的头就像打湿了的报纸一样塌下去了，印度的瑜伽术也教你，如果你想要放松，应该多去瞧瞧猫。

第三，工作时采取舒服的姿势。要记住，身体的紧张会产生肩膀的疼痛和精神上的疲劳。

第四,每天自我检查一次,问问自己:"我有没有使自己的工作变得比实际上的更繁重?我有没有使用一些和我的工作毫无关系的肌肉?"这些都有助于你养成放松的好习惯。

放下工作，给自己的身心放一个长假

我曾经接受过一家电视节目的采访，被问到这样一个问题："卡耐基先生，你觉得自己经常面临的问题是什么？"

我想，这个问题的答案跟大多数人一样，那就是压力。生活的压力、工作的压力，是人们必须面对的。

现代都市化的生活让人们的生活节奏越来越快，压力越来越大。尤其是对于广大都市女性来说，她们不仅要面临来自家庭、生活、婚姻方面的繁杂琐碎，还要面临竞争激烈的事业压力。这些重重压力压得女人喘不过气来。

我的朋友玛德琳是一个作家。她工作的时间和地点都相对比较自由。有时候她只需要在家中按时完成稿件就可以了。

由于时间自由，所以玛德琳的工作基本上都是在夜间进行的。但是作家的工作不能支撑她生活中所有的开支。

随着生活各个方面压力的增大，她不得不加倍努力工作。于是，白天晚上都成了她的工作时间。

她本以为这样做可以让自己的生活变得更好。可是这样的日子没过多久，她发现一切都没有变好，反而越来越糟糕。

她的脾气逐渐暴躁起来，看什么东西都不顺眼，并因此还和自己的合作伙伴吵了几次架。

之后的一段时间她都没有再继续写稿。她总是在想：自己以前脾气挺好的，为什么会变成这样呢？

像玛德琳一样，由于生活和工作而备感压力、痛苦的女人有很多。她们往往会在忙碌中渐渐地失去自我，失去生活的乐趣。

慢慢地，她们的心境也发生了变化，思想上开始出现很多不平衡，进而出现了许多不好的现象，而且这个变化的过程是自己无法感觉到的。

所以，女士们，我们一定要学会解压，不要让一些既无聊又烦琐的事情影响自己的心情，学会看到事情好的一面，不断地调整自己适应生活和工作中的变化。

我们也要学会释放压力。当人处在紧张状态时，往往容易"掉进去"，即被紧张状态所左右。这时应主动提醒自己放松，做些深呼吸，闭目养神。

还可以将自己所感到的紧张情绪先收住5秒钟，然后通过深呼吸将其逐渐从体内释放出去。

机器的运转需要不断添加润滑油，需要轮流运转与停歇。人也一样，不能够"生命不息，工作不止"，而应该劳逸结合。

只有劳逸结合，才能够持续生存与工作，否则就可能"一劳永逸"，既不能工作，也不能健康地生活。

只有懂得适当放松的女人才是真正会生活的人。因为她知道什么时候需要紧张，什么时候需要放松，就像鸟儿知道什么时候张开翅膀努力飞翔，而什么时候应该回到温暖的巢穴栖息一样。

身体是革命的本钱，只有保持与攒足了本钱，我们才有革命的心力、体力、活力、动力、定力、精力、精神，才能有效地取得革命的胜利。

一般来说，智力越高的动物所需要的睡眠时间越长。必要的休养是对生命的投资。一个人的精力是有限的，不分昼夜地打拼和终年的劳累，是对生活本质和成功的误解。

约翰·洛克菲勒创造了两项纪录：第一，他赚到了当时世界上最庞大的财富；第二，他活到了98岁高龄。

相对于第一点，第二点也许更了不起，因为大多数的富豪寿命都很短。那么，洛克菲勒是怎样做到这些的呢？

原因很简单，他每天中午都要在自己的办公室睡半个小时的午觉。在这个时候，即使是美国总统打来电话，他也不会接。

对于处于长期紧张状态的人而言，需要的是松弛，学习适合自己的放松方式。生活的压力来自方方面面，下面的小方法教大家学会缓解压力：

第一，消除紧张感。

紧张，是一个人的心理因素造成的。想要踏上成功的道路，首先要消除这种紧张感，达到身心放松。即使紧张是天生的，也要靠人为地努力舒缓紧张。紧张感不消除，人就难以轻松。

第二，保持宁静。

宁静，既是身外的安静，也是内心的镇静。保持宁静，调节身体气血运行的全面平衡，以达到养心健身的良好功效，而且还能全面仔细地考虑问题，有助于处理好周围发生的一切。

第三，恬淡寡欲。

恬淡寡欲，不追求名利，有助于减压。淡泊是一种崇高的境界和心态，是对人生追求在深层次上的定位。

第四，加强体育锻炼。

体育锻炼是减轻压力的有效途径。体育运动不仅能够让血液循环系统运作更有效率，强化我们的心脏与肺功能，使整个身体免疫系统强大起来。

同时体育锻炼也让我们有更强的体质去应付生活中随时可能出现的各种压力。在运动中，我们将体会轻松和忘我的境界，享受大自然的美妙，心灵也会在天地相融中被净化。